大数据关键技术与算法研究

孙二华　著

吉林科学技术出版社

图书在版编目（CIP）数据

大数据关键技术与算法研究 / 孙二华著 . -- 长春：
吉林科学技术出版社，2019.10
　　ISBN 978-7-5578-6370-8

　　Ⅰ．①大… Ⅱ．①孙… Ⅲ．①数据处理－算法设计－研究
Ⅳ．① TP274

　　中国版本图书馆 CIP 数据核字（2019）第 248362 号

大数据关键技术与算法研究

著　　者	孙二华
出 版 人	李　梁
责任编辑	端金香
封面设计	刘　华
制　　版	王　朋
开　　本	185mm×260mm
字　　数	190 千字
印　　张	8.25
版　　次	2019 年 10 月第 1 版
印　　次	2019 年 10 月第 1 次印刷
出　　版	吉林科学技术出版社
发　　行	吉林科学技术出版社
地　　址	长春市福祉大路 5788 号出版集团 A 座
邮　　编	130118

发行部电话 / 传真　　0431—81629529　　　81629530　　　81629531
　　　　　　　　　　　81629532　　　81629533　　　81629534

储运部电话　　0431—86059116

编辑部电话　　0431—81629517

网　　址	www.jlstp.net
印　　刷	北京宝莲鸿图科技有限公司
书　　号	ISBN 978-7-5578-6370-8
定　　价	55.00 元

前　言

步入 21 世纪以来，各领域的数据都呈现爆炸式的增长，对数据的管理和分析已成为人类面临的巨大的挑战。如今，工业界、研究界甚至政府部门都对大数据（Big Data）这一研究领域产生了巨大的兴趣。《自然》《科学》等国际知名杂志也分别开设了专栏，用来讨论大数据带来的挑战及其重要性。

大数据在今天已成为一个非常时尚的概念，其影响已经远远超过了计算机学科本身，甚至影响到了自然科学、社会科学、人文科学等领域。由于其深远的影响和广泛的应用，大数据一直得到 IT 从业人员的重视，他们对大数据相关理论、技术的学习有着强烈的需求。

大数据技术算法设计与分析是计算机科学的主题，进行大数据计算，算法设计与分析是必不可少的，可以说，算法设计是"大数据落地"的关键之一。然而，虽然在今天的书店里，关于大数据的书籍数不胜数，但真正从算法设计与分析角度关注大数据的书却很少。究其原因，当前大数据技术与算法的知识体系还远不完备，因为大数据是计算机学科的增长点之一，大数据技术与算法的内涵和外延也不断发生着变化，而且大数据算法设计与分析得到的知识驳杂，难以梳理出一个明晰的知识体系。而大数据不同方面的从业人员，对它的理解也不尽相同。笔者曾经调研过国内外和大数据技术与算法相关的课程，其教学内容的差异非常大。

由于写作本书是一种新的尝试，涉及的内容非常宽泛且变化迅速，尽管笔者尽全力来写，但是由于笔者水平有限，在本书内容的安排、表述、推导等方面的不当之处在所难免，敬请读者在阅读本书的过程中，不吝提出宝贵的建议，以改进本书。

目 录

第一章 大数据技术基本概念

当今，信息技术为人类步入智能社会开启了大门，带动了互联网、物联网、电子商务、现代物流、网络金融等现代服务业的发展，催生了车联网、智能电网、新能源、智能交通、智能城市、高端装备制造等新兴产业的发展。现代信息技术正成为各行各业运营和发展的引擎。但这个引擎正面临着大数据巨大的考验。各种业务数据正以几何级数的形式爆发，其格式、收集、储存、检索、分析、应用等诸多问题，不再能以传统的信息处理技术加以解决，对人类实现数字社会、网络社会和智能社会带来了极大的障碍。

大数据的出现将影响各行各业以及每个人生活，以下十个事实会让你相信，每个人都必须注意大数据：

（1）全球数据的 90% 产生于过去 2 年内。

（2）当前数据产生的速度非常快，以今天的数据生产速度，我们可以在 2 天内生产出 2003 年以前的所有数据。

（3）行业内获取并且存储的数据量每 1.2 年就会翻一番。

（4）到 2020 年，全球数据量将由现在的 3.2 ZB 变为 40 ZB（1 ZB=1 024 EB，1 EB=1 024 PB，1 PB=1 024 TB）。

（5）仅谷歌一家搜索引擎，每秒就处理 4 万次搜索查询，一天之内更是超过 35 亿次。

（6）最近的统计报告显示，我们每分钟在脸书（Facebook）上贡献 180 万次赞，上传 20 万张照片。与此同时，每分钟还发送 2.04 亿封邮件，发送 27.8 万个推文。

（7）每分钟大约有 100 h 的视频被传上类似优兔（YouTube）这样的视频网站。更有趣的是，要花费 15 年才能看完一天之内被传到 YouTube 上的全部视频。

（8）美国电话电报公司（American Telephone & Telegraph，AT & T）被认为是能够用单一数据库存储最多数据量的数据中心。

（9）在美国，很多新的 IT 工作将被创造出来以处理即将到来的大数据工程潮，而每个这样的职位都将需要三个额外职位的支持，这将会带来总计 600 万个的新增工作岗位。

（10）全球每分钟会新增 570 个网站。这一统计数字至关重要，也具有颠覆性。预测是，数据以及数据分析能力正与日俱增，未来五年，无论何等规模的企业都将使用某种形式的数据分析来影响其商业运作。

第一节　数据及信息

一、数据

数据是对客观事物的逻辑归纳，用符号、字母等方式对客观事物进行直观描述。数据是进行各种统计、计算、科学研究或技术设计等所依据的数值，是表达知识的字符的集合。数据是信息的表现形式。数据可以是连续的值，如声音，称为模拟数据；也可以是不连续（离散）的值，如成绩，称为数字数据。

（一）数据的单位

数据最小的基本单位是 bit，按顺序给出所有单位：bit、Byte、KB、MB、GB、TB、PB、EB、ZB、YB、BB、NB、DB。

它们按照进率 1024（2 的 10 次方）来计算：

1 Byte=8 bit，1 KB=1 024 Bytes=8 192 bit，1 MB=1 024 KB=1 048 576 Bytes，1 GB=1 024 MB=1 048 576 KB，1 TB=1 024 GB=1 048 576 MB，1 PB=1 024 TB=1 048 576 GB，1 EB=1 024 PB=1 048 576 TB，1 ZB=1 024 EB=1 048 576 PB，1 YB=1 024 ZB=1 048 576 EB，1 BB=1 024 YB=1 048 576 ZB，1 NB=1 024 BB=1 048 576 YB，1 DB=1 024 NB=1 048 576 BB。

（二）数据与信息的关系

数据是一种未经加工的原始资料。数字、文字、符号、图像都是数据。数据是客观对象的表示，而信息则是数据内涵的意义，是数据的内容和解释。综上所述，数据就是指能够客观反映事实的数字和资料。

信息与数据的关系是，信息与数据是不可分离的，数据是信息的表达，信息是数据的内涵，数据本身并没有意义，数据只有对实体行为产生影响时才成为信息。

（三）数据的分类

在信息社会，信息可以划分为两大类：一类信息能够用数据或统一的结构加以表示，我们称之为结构化数据，如数字、符号；另一类信息无法用数字或统一的结构表示，如文本、图像、声音、网页等，我们称之为非结构化数据。结构化数据属于非结构化数据的一部分，是非结构化数据的特例。

1.结构化数据

结构化信息是指信息经过分析后可分解成多个互相关联的组成部分，各组成部分间有明确的层次结构，其使用和维护通过数据库进行管理，并有一定的操作规范。我们通常接触的，包括生产、业务、交易、客户信息等方面的记录都属于结构化信息。

结构化数据简单来说就是存储在结构化数据库里的数据，可以用二维表结构来逻辑表达实现的数据。结合到典型场景中更容易理解，如企业资源计划（Enterprise Resource Planning，ERP）、财务系统；医院信息系统（Hospital Information System，HIS）数据库；教育一卡通；政府行政审批；其他核心数据库等。这些应用需要包括高速存储应用需求、数据备份需求、数据共享需求以及数据容灾需求。

2. 非结构化数据

不方便用数据库二维逻辑表来表现的数据即称为非结构化数据，包括所有格式的办公文档，文本，图片，标准通用标记语言下的子集 XML、HTML，各类报表，图像和音频/视频信息等。

所谓非结构化数据库，是指数据库的变长记录由若干不可重复和可重复的字段组成，而每个字段又可由若干不可重复和可重复的子字段组成。用它不仅可以处理结构化数据（如数字、符号等信息），而且更适合处理非结构化数据（如全文文本、图像、声音、影视、超媒体等信息）。简单地说，非结构化数据库就是字段可变的数据库。

非结构化 Web 数据库主要是针对非结构化数据而产生的，与以往流行的关系数据库相比，最大区别在于它突破了关系数据库结构定义不易改变和数据定长的限制，支持重复字段、子字段以及变长字段，并实现了对变长数据及重复字段进行处理和数据项的变长存储管理，在处理连续信息（包括全文信息）和非结构化信息（包括各种多媒体信息）中有着传统关系型数据库所无法比拟的优势。

3. 半结构化数据

所谓半结构化数据，就是介于完全结构化数据（如关系型数据库、面向对象数据库中的数据）和完全无结构化的数据（如声音、图像文件等）之间的数据，HTML 文档就属于半结构化数据。它一般是自描述的，数据的结构和内容混在一起，没有明显的区分。

4. 各类数据的区别

各类数据的区别如下：

（1）各类数据的数据模型和基本特征。结构化数据：二维表（关系型）。半结构化数据：树、图。非结构化数据：无。

（2）关系型数据库系统的数据模型。其包括网状数据模型、层次数据模型、关系型。

（3）不同类型数据的形成过程。结构化数据：先有结构，再有数据。半结构化数据：先有数据，再有结构。

5. 互联网信息分类

互联网上出现的海量信息，同样分为结构化、半结构化和非结构化三种。

（1）结构化信息如电子商务信息，信息的性质和量值的出现的位置是固定的。

（2）半结构化的信息如专业网站上的细分频道，其标题和正文的语法相当规范，关键词的范围相当局限。

（3）非结构化的信息如博客（Blog）和网上社区 BBS，所有内容都是不可预知的。

结构化信息和非结构化信息是 IT 应用的两个世界，它们有着各自不同的应用进化特点和规律。但是，这两个世界之间还缺少相互连接的桥梁，而这种缺失使企业中不可避免地存在"活动""信息和知识"的分离，其后果就是，虽然它们都在进行着"知识化"的努力，但两个世界分离的 IT 应用模式，注定使其难以真正实现它们的初衷——在最合适的时间，将最合适的信息传送给最合适的人。

6. 中国企业的数据现状

目前，中国企业 500 强的每日数据生成量近一半都多于 1 GB，更有 4.9% 的企业超过 1 TB。中国企业级数据中心数据存储量正在快速增长，非结构化数据呈指数倍增长，如果能有效地处理和分析，非结构数据中也富含对企业非常有价值的信息。

二、信息

（一）信息的定义

"信息"一词在英文、法文、德文、西班牙文中均是"Information"，日文中为"情报"，我国台湾称之为"资讯"，我国古代用的是"消息"。

信息，指音信、消息、通信系统传输和处理的对象，泛指人类社会传播的一切内容。人通过获得、识别自然界和社会的不同信息来区别不同的事物，得以认识和改造世界。在一切通信和控制系统中，信息是一种普遍联系的形式。

根据对信息的研究成果，科学的信息概念可以概括如下：

信息是对客观世界中各种事物的运动状态和变化的反映，是客观事物之间相互联系和相互作用的表征，表现的是客观事物运动状态和变化的实质内容。

信息技术是指有关信息的收集、识别、提取、变换、存储、传递、处理、检索、检测、分析和利用等的技术。凡涉及这些过程和技术的工作部门都可称作信息部门。

（二）信息资源

只要事物之间的相互联系和相互作用存在，就有信息发生。人类社会的一切活动都离不开信息，信息具有使用价值，能够满足人们的特殊需要，可以用来为社会服务。但是，认识到信息是一种独立的资源还是 20 世纪 80 年代的事情。

美国哈佛大学的研究小组给出了著名的资源三角形。他们指出，没有物质，什么都不存在；没有能量，什么都不会发生；没有信息，任何事物都没有意义。

作为资源，物质为人们提供各种各样的材料；能量提供各种各样的动力；信息提供各种各样的知识。

信息是普遍存在的，但并非所有的信息都是资源。只有满足一定条件的信息才能构成资源。对于信息资源，有狭义和广义之分。狭义的信息资源，指的是信息本身或信息内容，即经过加工处理，对决策有用的数据。开发利用信息资源的目的就是充分发挥信息的效用，实现信息的价值。广义的信息资源指的是信息活动中各种要素的总称。要素包括信息、信息技术以及相应的设备、资金和人等。

狭义的观点突出了信息是信息资源的核心要素，但忽略了系统。事实上，如果只有核心要素，而没有"支持"部分（技术、设备等），就不能进行有机的配置，不能发挥信息作为资源的最大效用。

归纳起来，可以认为，信息资源由信息生产者、信息、信息技术三大要素组成。

（1）信息生产者是为了某种目的的生产信息的劳动者，包括原始信息生产者、信息加工者或信息再生产者。

（2）信息既是信息生产的原料，也是产品。它是信息生产者的劳动成果，对社会各种活动直接产生效用，是信息资源的目标要素。

（3）信息技术是能够延长或扩展人的信息能力的各种技术的总称，是对声音、图像、文字等数据和各种传感信号的信息进行收集、加工、存储、传递和利用的技术。信息技术作为生产工具，对信息收集、加工、存储和传递提供支持与保障。

1. 特点

信息资源与自然资源、物质资源相比，具有以下几个特点。

（1）能够重复使用，其价值在使用中得到体现。

（2）信息资源的利用具有很强的目标导向，不同的信息在不同的用户中体现不同的价值。

（3）具有整合性。人们对其检索和利用，不受时间、空间、语言、地域和行业的制约。

（4）它是社会财富，任何人无权全部或永久买下信息的使用权；它是商品，可以被销售、贸易和交换。

（5）具有流动性。

2. 信息资源作为经济资源的一般特征

（1）需求性：作为生产要素的人类需求性。

（2）稀缺性：稀缺性是经济资源最基本的经济学特征。

（3）使用方向的可选择性：关于信息资源的有效配置问题，这是由于信息资源具有很强的渗透性。

3. 与物质资源、能源资源相比具有的独特特征

（1）共享性。

（2）时效性：只有时机适宜，才能发挥效益。

（3）动态性：信息资源是一种动态资源，呈现不断丰富、不断增长的趋势。

（4）不可分性：信息的不可分性表现在它在生产过程中的不可分。

（5）不同一性：作为资源的信息必定是完全不同一的。

（6）支配性：即驾驭性，是指信息资源具有开发和支配其他资源的能力。

（三）信息的应用意义

如果说结构化信息更多地忠实、翔实记录了企业的生产交易活动，是显性的表示，那么非结构化信息则隐性包含了掌握着企业命脉的关键，隐含着许多提高企业效益的机会。对于企业来说，企业内部，以及企业与供应商、客户、合作伙伴和员工数字化共享所有形式的数据资源，已越来越重要。

90% 的信息和知识在结构化世界之外，IT 应用中还存在着一个非结构化的世界。对大多数企业来说，企业资源计划等业务系统所管理的结构化数据只占到企业全部信息和知识的 10% 左右，其他的 90% 都是数据库难以存取到的非结构化信息和知识。

互联网数据中心的分析显示，虽然很多企业重投资建立了诸多业务支撑系统，但仍有 72% 的管理者认为知识没有在他们的组织中得到重复利用，88% 的人认为他们没有接触到企业最佳实践的机会。高德纳（Gartner）咨询公司也曾预言，对非结构化信息和知识的管理将会带来一个新 IT 应用潮流。

非结构化信息处理类似于 20 世纪 70 年代以前的结构化信息应用。割裂、无法进行数据互操作的应用是其主流。以人们最常用的文档软件来看，DOC 文档是 Word 的专用格式，WPS、永中、中文 2000 等 Office 产品厂商则各有各的"自留地"。这种情况下，由于文档格式的束缚而使信息四分五裂，信息流无法通畅流转，信息处理更加困难，信息资源因为信息流的不通畅而丧失了其应有的巨大价值。

从非结构化到半结构化，从半结构化到结构化，从结构化到关联数据体系，从关联数据体系到数据挖掘.从数据挖掘到故事化呈现，从故事化呈现到决策导向，是信息资源应用的几个不同发展阶段。

第二节　大数据的发展历史、特点及分类

一、大数据发展历史

（一）大数据出现的背景

自 2012 年以来，大数据一词被越来越多地提及，人们用它来描述和定义信息爆炸时代产生的海量数据，并命名与之相关的技术发展与创新。它在《纽约时报》《华尔街日报》的专栏封面出现过，进入了美国白宫官网的新闻，现身在国内一些互联网主题的讲座沙龙中，甚至被嗅觉灵敏的证券公司等写进了投资推荐报告。

数据正在迅速膨胀并变大，它决定着企业的未来发展，虽然现在企业可能并没有意识到数据爆炸性增长带来的问题隐患，但是随着时间的推移，人们将越来越多地意识到数据

对企业的重要性。大数据时代对人类的数据驾驭能力提出了新的挑战，也为人们获得更为深刻、全面的洞察能力提供了前所未有的空间与潜力。

最早提出大数据时代到来的是全球知名咨询公司麦肯锡，麦肯锡称："数据，已经渗透到当今每一个行业和业务职能领域，成为重要的生产因素。人们对于海量数据的挖掘和运用，预示着新一波生产率增长和消费者盈余浪潮的到来。"大数据在物理学、生物学、环境生态学等领域以及金融、通信等行业中的存在已有时日，因为近年来互联网和信息行业的发展而引起人们关注。

大数据在互联网行业指的是这样一种现象：互联网公司在日常运营中生成、累积的用户网络行为数据。这些数据的规模如此庞大，以至于不能用 GB 或 TB 来衡量，大数据的起始计量单位至少是 PB（1 000 个 TB）、EB（100 万个 TB）或 ZB（10 亿个 TB）。

（二）互联网背景下出现的大数据

1.越来越多的私有化的 Web 化数据

电商网站、BBS、知乎问答、互动百科、豆瓣电影等内容便属于此类。垂直网站在达到一定规模后，拥有与搜索引擎博弈的能力时，便可屏蔽搜索引擎的爬虫，将自己的数据私有化。

垂直网站提供的搜索功能，可以用个性化的搜索功能和独有的挖掘能力，提供更好的搜索体验，甚至上升为垂直搜索引擎，如知乎搜索。另外一种垂直搜索引擎即是综合其他垂直的结构化数据提供搜索服务，如去哪儿网、一淘网。

随着 Web 的发展，垂直搜索是未来搜索引擎细分的一个方向，且将对传统搜索引擎构成威胁。类似手机上浏览器和原生 APP 之间的关系：浏览器和 APP 流量对半分。我们把传统搜索引擎（如百度）看成一个浏览器，那么垂直搜索引擎便是 APP。垂直搜索引擎也如 APP 一样正在壮大，且它们具有的核心优势都是"个性化 VS 统一"的优势。

2.巨量增长的没有 Web 化的数据

随着多年的发展，PC 互联网已积累大量的数据；而在移动互联网的浪潮下，APP、云应用、社交和物联网让数据爆炸式增长。对搜索引擎来说，这些数据几乎都是不可见的。

（1）人工整理的数据。药监局的数据就是例子。这类数据集中存在于政府部门、机构组织和一些企业那里。他们既掌握着民众关心的权威民生数据，又暂时没有将这些数据通过网站开放出来。与此类似的拥有数据的还有交通部门、环保部门、旅游局、卫生局、教育局等民众关注的领域。经过十多年的信息化建设，这些数据想必已经达到可观的量级。

另外，"我查查"的条形码数据也可归为此类。"我查查"团队创业初期，数百人团队在全国商场收集商品条形码数据。"我查查"有一定规模后，用户才主动为其添加条形码数据。

（2）社交产生的数据。这里的社交网络不仅仅指微博，QQ 聊天也是一种社交，邮件也是一种社交，甚至短信通信也是一种社交。我们不妨将这些称为"暗社交"。这些社交过程又产生了大量的信息，尤其是分享行为。一定程度上部分社交网站的数据是 Web 化的，但是它们是封闭的。这部分数据正在巨量增长，而搜索引擎对它们无能为力。

（3）APP 产生的数据。有人曾经抛出过"Web 已死"的说法。移动互联网已经不再是由 Web 通过超链接互相连接的网络。APP 之间通过接口互相链接，APP 上的不同用户通过 QQ 好友关系、微信朋友圈、微博关注关系、手机号码等方式互相链接。

（4）个人云应用产生的数据。个人云应用主要是解决多屏同步的问题。这让更多用户选择将数据保存在云端。在不同设备上进行账号认证后下载并使用这些数据。这类应用除了同步通讯录、收藏夹这类私密性强的数据外，还有印象笔记、网易云阅读等类型的大文本数据。个人云应用将越来越多。若干年后，我们认为 Office 提供云同步功能也不是没可能。这些数据，搜索引擎则无能为力。

（5）物联网产生的数据。车联网、监控录像、电子抄表、水文监测等物联网应用每时每刻也在产生大量的数据。物联网行业还没爆发，爆发的时候，应用也不会局限于此。互联网链接网页，移动互联网链接天下芸芸众生，而物联网链接天下万物。现在中国的手机用户数突破 11 亿。芸芸众生基本已连起来。不过相比 11 亿，物联网用户数则是一个惊人的量级。这些用户也将产生大量的数据。这些数据将来是否要被人类搜索？以什么形式搜索？搜索的结果是什么？

二、大数据的定义和特点

信息技术领域原先已经有"海量数据""大规模数据"等概念，但这些概念只着眼于数据规模本身，未能充分反映数据爆发背景下的数据处理与应用需求，而大数据这一新概念不仅指规模庞大的数据对象，也包含对这些数据对象的处理和应用活动，是数据对象、技术与应用三者的统一。

（一）大数据定义

大数据或称巨量资料，指的是所涉及的资料量规模巨大到无法通过目前主流软件工具，在合理时间内达到撷取、管理、处理，并整理成为帮助企业经营决策更积极目的的资讯。大数据对象既可能是实际的、有限的数据集合，如某个政府部门或企业掌握的数据库，也可能是虚拟的、无限的数据集合，如微博、微信、社交网络上的全部信息。

在维克托·迈尔-舍恩伯格及肯尼斯·库克耶编写的《大数据时代》中，大数据是指不用随机分析法（抽样调查）这样的捷径，而采用所有数据进行分析处理。

对于大数据，研究机构高德纳给出了这样的定义：大数据是需要新处理模式才能具有更强的决策力、洞察发现力和流程优化能力的海量、高增长率和多样化的信息资产。

根据维基百科的定义，大数据是一个体量特别大、数据类别特别大的数据集，是指无法在可承受的时间范围内用传统数据库工具对其内容进行抓取、管理和处理的数据集合。

大数据从本质上来讲包含数量、类型、速度三个维度的问题，事实上，要想从根本上区别这三个维度是不可能的。因为，大数据概念的提出源于技术的发展。

（二）大数据的实质

从狭义的字面含义理解，大数据应该与小数据相对应，大数据意指数据量特别巨大，超出了我们常规的处理能力，必须引入新的科学工具和技术手段才能够进行处理的数据集合。

所谓的小数据，指的是数据规模比较小，用传统工具和方法足以进行处理的数据集合。例如，牛顿时代的各门自然科学，其数据量都不大，第谷·布拉赫（Tycho Brahe）观测了20年的天文数据，开普勒（Johannes Kepler）很快用手工就处理完毕，并从中发现了开普勒定律。后来，随着科学的发展，数据量有了比较大的增加，为了处理这些当时看来的大数据，统计学家创造了抽样方法，由此解决了数据处理难题。

大数据技术的战略意义不在于掌握庞大的数据信息，而在于对这些含有意义的数据进行专业化处理。换言之，如果把大数据比作一种产业，那么这种产业实现盈利的关键，在于提高对数据的"加工能力"，通过"加工"实现数据的"增值"。

从技术上看，大数据与云计算的关系就像一枚硬币的正反面，密不可分。大数据必然无法用单台的计算机进行处理，必须采用分布式架构。它的特色在于对海量数据进行分布式数据挖掘，但它必须依托云计算的分布式处理、分布式数据库和云存储、虚拟化技术。

随着云时代的来临，大数据也吸引了越来越多人的关注。大数据通常用来形容一个公司创造的大量非结构化数据和半结构化数据，这些数据在下载到关系型数据库用于分析时会花费过多的时间和金钱。

大数据分析常和云计算联系到一起，因为实时的大型数据集分析需要像云计算的框架来向数十、数百或甚至数千的计算机分配工作。

大数据需要特殊的技术，以有效地处理大量的可容忍时间内的数据。适用于大数据的技术，包括大规模并行处理（MPP）数据库、数据挖掘、分布式文件系统、分布式数据库、云计算平台、互联网和可扩展的存储系统。

（三）大数据的特点

业界通常用4个"V"（即Volume、Variety、Value、Velocity）来概括大数据的特征，具体如下：

第一，大量（Volume），数据体量巨大，从TB级别跃升到PB级别。

数据体量大，指大型数据集，一般在10 TB规模左右，但在实际应用中，很多企业用户把多个数据集放在一起，已经形成了PB级的数据量；百度资料表明，其首页导航每天需要提供的数据超过1.5 PB（1 PB=1 024 TB），这些数据如果打印出来将超过5 000亿张A4纸。有资料证实，到目前为止，人类生产的所有印刷材料的数据量仅为20.0 PB。

第二，多样（Variety），数据类别大和类型多样，即数据类型繁多。除了标准化的结构化编码数据之外，还包括网络日志、视频、图片、地理位置信息等非结构化或无结构数据。

数据来自多种数据源。数据种类和格式日渐丰富，已冲破了以往所限定的结构化数据范畴，囊括了半结构化和非结构化数据。现在的数据类型不仅是文本形式，更多的是图片、视频、音频、地理位置信息等多类型的数据，个性化数据占绝大多数。

第三，价值（Value），价值真实性高和密度低，即商业价值高，但价值密度低。在数据的海洋中不断寻找，才能"淘"出一些有价值的东西，可谓沙里淘金。

随着社交数据、企业内容、交易与应用数据等新数据源的兴起，传统数据源的局限被打破，企业愈发需要有效的信息之力以确保其真实性及安全性。以视频为例，一小时的视频，在不间断的监控过程中，可能有用的数据仅仅只有一两秒。

第四，高速（Velocity），处理速度快，实时在线。各种数据基本上实时在线，并能够进行快速的处理、传送和存储，以便全面反映对象的当下状况。

在数据量非常庞大的情况下，也能够做到数据的实时处理。数据处理遵循"1秒定律"，可从各种类型的数据中快速获得高价值的信息。

有人把数据比喻为蕴藏能量的煤矿。煤炭按照性质有焦煤、无烟煤、肥煤、贫煤等分类，而露天煤矿、深山煤矿的挖掘成本又不一样。与此类似，大数据并不在"大"，而在于"有用"。价值含量、挖掘成本比数量更为重要。对于很多行业而言，如何利用这些大规模数据成为赢得竞争的关键。大数据的价值体现在以下几个方面：

（1）对大量消费者提供产品或服务的企业可以利用大数据进行精准营销。

（2）做小而美模式的中小型企业可以利用大数据做服务转型。

（3）面临互联网压力之下必须转型的传统企业需要与时俱进充分利用大数据的价值。

大数据可以做到的事情如下：

（1）诊断分析。我们每天都在做此类事情。机器更擅长做诊断分析。当一个事件发生的时候，我们发现对寻找起因感兴趣。例如，设想在沙漠A刮起了沙暴，我们有沙漠A地区的各种参数：温度、气压、骆驼、道路、汽车等。如果我们能将这些参数与该地区的沙暴联系起来，知道一些因果关系，可能就会避免沙暴。

（2）预测分析。我们经常做此类事情。例如，假设在全球有一个酒店连锁，现在需要找出哪些酒店是没有达到销售目标的。如果知道相关信息，我们就可以将注意力集中在哪些目标上。这成为预测分析的经典问题。

（3）在未知元素间寻找关联。例如，销售雇员的数量与销售额真的没有关系吗？可能会减少一些雇员来查看是否真的对销售额没有损失。

（4）规范的分析。这是分析学的未来。例如，我们尝试着预测一个对大众目标的恐怖袭击然后安全地将人们转移的策略，则需要做出在某个时刻某个地点的游客人数以及可能会被爆炸影响到的地区等各种预测。

（5）监控发生的事件。行业中的大部分人都在做监控事件的工作。例如，需要检测一个活动的反馈，找到强烈和不强烈的部分。这些分析将成为运营一个企业的关键。

大数据不可以做到的事情如下：

（1）预测一个确定的未来。使用机器学习的工具可以达到 90% 的精度，但是无法达到 100% 的准确。如果我们可以做到的话，则可以确切地说谁才是目标以及每一次 100% 的响应率。但可惜的是这绝不会发生。

（2）无法摆脱基本的数据分析工作。在任何分析上，数据处理耗费了大部分时间。这就是人们的创造力和商业理解的来源。但可能的是，人们无法摆脱分析中最无聊的部分。

（3）找到一个商业问题的创新的解决方案。创造力是人类永远的专利。机器找不到问题的创新的解决方法。这是因为即使是人工智能也是由人去编码的产物。

（4）找到定义不是很明确的问题的解决方法。分析学最大的挑战就是从业务问题中形成一个分析问题模型。如果你能做得很好，那么你正在成为一个分析明星。这种角色是机器无法取代的。例如，业务问题是管理损耗。除非定义了响应者、时间窗口等，没有预测算法可以帮助自己。

（5）数据管理／简化新数据源的数据。随着数据量的增长，数据的管理正在成为一个难题。我们正在处理各种不同结构化的数据。例如，图表数据可能更适合网络分析，但是对活动数据是没用的。这部分信息也是机器无法分析的。

三、大数据的分类

1. 按照数据分析的实时性划分

按照数据分析的实时性，大数据分为实时数据分析和离线数据分析两种。

（1）实时数据分析。实时数据分析一般用于金融、移动和互联网 B2C 等行业或产品，往往要求在数秒内返回上亿行数据的分析，从而达到不影响用户体验的目的。要满足这样的需求，可以使用海量数据实时分析工具，采用精心设计的传统关系型数据库组成并行处理集群，或者采用一些内存计算平台，或者采用 HDD 的架构，这些无疑都需要比较高的软硬件成本。互联网企业的海量数据采集工具，均可以满足每秒数百兆的日志数据采集和传输需求，并将这些数据上载到中央系统上。

（2）离线数据分析。对于大多数反馈时间要求不是那么严苛的应用，如离线统计分析、机器学习、搜索引擎的反向索引计算、推荐引擎的计算等，应采用离线数据分析的方式，通过数据采集工具将日志数据导入专用的分析平台。但面对海量数据，传统的数据处理工具往往会彻底失效，主要原因是数据格式转换的开销太大，在性能上无法满足海量数据的采集需求。

2. 按照大数据的数据量划分

按照大数据的数据量，大数据分为内存级别、海量级别、商业智能（Business Intelligence，BI）级别三种。

（1）内存级别。这里的内存级别指的是数据量不超过集群的内存最大值。不要小看今天内存的容量，脸书缓存在内存中的数据高达 320 TB，而目前的 PC 服务器，内存也可以超过百吉。因此可以采用一些内存数据库，将热点数据常驻内存之中，从而取得快速的分析能力，内存级别适合实时分析业务。

（2）海量级别。海量级别指的是对于数据库和商业智能产品已经完全失效或者成本过高的数据量。海量数据级别的优秀企业级产品也有很多，但基于软硬件的成本原因，目前大多数互联网企业采用 Hadoop 的分布式文件系统（Hadoop Distributed File System，HDFS）来存储数据，并使用 MapReduce 进行分析。

（3）商业智能级别。商业智能级别指的是那些对于内存来说太大的数据量，但一般可以将其放入传统的人工智能产品和专门设计的商业智能数据库之中进行分析。目前主流的人工智能产品都有支持 TB 级以上的数据分析方案。

第三节　大数据技术的基本概念

一、传统数据处理

大数据处理数据时代理念的三大转变：要全体不要抽样，要效率不要绝对精确，要相关不要因果。具体的传统大数据处理方法其实有很多，但是根据长时间的实践，总结了一个基本的大数据处理流程，并且这个流程应该能够对人们理顺大数据的处理有所帮助。

整个处理流程可以概括为四步，分别是采集、导入和预处理、统计与分析以及数据挖掘。

（一）采集

大数据的采集是指利用多个数据库来接收发自客户端的数据，并且用户可以通过这些数据库来进行简单的查询和处理工作。例如，电商会使用传统的关系型数据库 MySQL 和 Oracle 等来存储每一笔事务数据，除此之外，Redis 和 MongoDB 这样的 NoSQL 数据库也常用于数据的采集。

在大数据的采集过程中，其主要特点和挑战是并发数高，因为同时可能会有成千上万的用户来进行访问和操作，如火车票售票网站和淘宝，它们并发的访问量在峰值时达到上百万，所以需要在采集端部署大量数据库才能支撑。并且在这些数据库之间如何进行负载均衡和分片需进行深入的思考和设计。

（二）导入和预处理

虽然采集端本身会有很多数据库，但是如果要对这些海量数据进行有效的分析，还需将这些来自前端的数据导入一个集中的大型分布式数据库，或者分布式存储集群，并且可以在导入的基础上做一些简单的清洗和预处理工作。也有一些用户会在导入时使用来自推特（Twitter）的 Storm 来对数据进行流式计算，来满足部分业务的实时计算需求。导入与预处理过程的特点和挑战主要是导入的数据量大，每秒钟的导入量经常会达到百兆，甚至千兆级别。

（三）统计与分析

统计与分析主要利用分布式数据库，或者分布式计算集群来对存储其内的海量数据进行普通的分析和分类汇总等，以满足大多数常见的分析需求。在这方面，一些实时性需求会用到 Oracle 的 Exadata，以及基于 MySQL 的列式存储 Infobright 等，而一些批处理，或者基于半结构化数据的需求可以使用 Hadoop。统计与分析这部分的主要特点和挑战是分析涉及的数据量大，对系统资源，特别是 I/O 会有极大的占用。

（四）数据挖掘

与前面统计和分析过程不同的是，数据挖掘一般没有什么预先设定好的主题，主要是在现有数据上面进行基于各种算法的计算，起到预测的效果，从而实现一些高级别数据分析的需求。比较典型的算法有用于聚类的 K-Means、用于统计学习的支持向量机（Support Vector Machine，SVM）和用于分类的朴素贝叶斯（Naive Bayes），主要使用的工具有 Hadoop 的 Mahout 等。该过程的特点和挑战主要是用于挖掘的算法很复杂，并且计算涉及的数据量和计算量都很大，还有常用数据挖掘算法都以单线程为主。

二、大数据分析的方法理论

越来越多的应用涉及大数据，这些大数据的属性包括数量、速度、多样性等都呈现了大数据不断增长的复杂性，所以，大数据的分析方法在大数据领域就显得尤为重要，可以说是决定最终信息是否有价值的决定性因素。基于此，大数据分析的方法理论有五个基本方面。

（一）预测性分析能力

数据挖掘可以让分析员更好地理解数据，而预测性分析可以让分析员根据可视化分析和数据挖掘的结果做出一些预测性的判断。

（二）数据质量和数据管理

数据质量和数据管理是一些管理方面的最佳实践。通过标准化的流程和工具对数据进行处理，可以保证一个预先定义好的高质量的分析结果。

（三）可视化分析

不管是对数据分析专家还是对普通用户，数据可视化是数据分析工具最基本的要求。可视化可以直观地展示数据，让数据自己说话，让观众听到结果。

（四）语义引擎

由于非结构化数据的多样性带来了数据分析的新的挑战，我们需要一系列的工具去解析、提取、分析数据。语义引擎需要被设计成能够从"文档"中智能提取信息。

（五）数据挖掘算法

可视化是给人看的，数据挖掘就是给机器看的。集群、分割、孤立点分析还有其他的算法让我们深入数据内部挖掘有价值的信息。这些算法不仅要处理大数据的量，也要处理大数据的速度。

假如大数据真的是下一个重要的技术革新，那么我们最好把精力放在大数据能给我们带来的好处上，而不仅仅是挑战。

三、大数据技术

（一）大数据技术分类

大数据带来的不仅是机遇，同时也是挑战。传统的数据处理手段已经无法满足大数据的海量实时需求，需要采用新一代的信息技术来应对大数据的爆发。

1. 基础架构支持技术

基础架构支持技术主要包括为支撑大数据处理的基础架构级数据中心管理、云计算平台、云存储设备及技术、网络技术、资源监控等。大数据处理需要拥有大规模物理资源的云数据中心和具备高效的调度管理功能的云计算平台的支撑。

2. 数据采集技术

数据采集技术是数据处理的必备条件，首先需要有数据采集的手段，把信息收集上来，才能应用上层的数据处理技术。数据采集除了各类传感设备等硬件软件设施之外，主要涉及的是数据的采集、转换、加载过程，能对数据进行清洗、过滤、校验、转换等各种预处理，将有效的数据转换成适合的格式和类型。同时，为了支持多源异构的数据采集和存储访问，还需设计企业的数据总线，方便企业各个应用和服务之间数据的交换、共享。

3. 数据存储技术

数据经过采集和转换之后，需要存储归档。针对海量的大数据，一般可以采用分布式文件系统和分布式数据库的存储方式，把数据分布到多个存储节点上，同时还需提供备份、安全、访问接口及协议等机制。

4. 数据计算技术

我们把与数据查询、统计、分析、预测、挖掘、图谱处理、商业智能等各项相关的技术统称为数据计算技术。数据计算技术涵盖数据处理的方方面面，也是大数据技术的核心。

5. 数据展现与交互技术

数据展现与交互技术在大数据技术中也至关重要，因为数据最终需要为人们所使用，为生产、运营、规划提供决策支持。选择恰当的、生动直观的展示方式能够帮助我们更好地理解数据及其内涵和关联关系，也能够更有效地解释和运用数据，发挥其价值。在展现方式上，除了传统的报表、图形之外，我们还可以结合现代化的可视化工具及人机交互手段，甚至是基于最新的如谷歌眼镜等增强现实手段，来实现数据与现实的无缝接口。

（二）推动大数据分析平台发展的三大技术

在互联网技术横行的时代，数据即价值，数据即资源。大数据分析工具的职责就是规整数据，挖掘价值。因此，大数据分析平台的发展在一定程度上代表着大数据的发展。而在现阶段，云存储技术、数据抓取技术、数据可视化技术成为大数据应用技术中不可或缺的组成部分。

1. 云存储技术

大数据可以抽象地分为大数据存储和大数据分析，这两者的关系是，大数据存储的目的是支撑大数据分析。大数据存储致力于研发可以扩展至 PB 甚至 EB 级别的大数据分析平台；大数据分析关注在最短的时间内处理大量不同类型的数据集。

根据著名的摩尔定律，18 个月集成电路的复杂性就增加一倍。所以，存储器的成本每 18 ～ 24 个月就下降一半。这意味着云存储技术的潜力巨大，同时对于大数据分析平台而言，意味着更大的数据存储量和功能更强的线上大数据分析平台。

2. 数据抓取技术

现在大多数的大数据分析平台的数据抓取功能还停留在对固定数据库的数据处理和整合上。但是随着互联网技术的应用拓展，直接从互联网甚至是行为个体上直接抓取数据并非是不可能的，在技术上也是可行的。

大数据的采集和数据抓取技术的发展是紧密联系的。以传感器技术、指纹识别技术、射频识别（Radio Frequency Identification，RFID）技术、坐标定位技术等为基础的感知能力提升同样是物联网发展的基石。

而随着智能手机的普及，数据抓取技术迎来了发展的高峰期。大数据分析平台未来极有可能整合数据抓取技术，变被动分析为主动寻找，从而攀上大数据分析技术发展的新高峰。

3. 数据可视化技术

数据可视化技术是当下最热门的大数据应用数据，除了末端展示的需要，数据可视化也是数据分析时不可或缺的一部分，即返回数据时的二次分析。而数据可视化也利于大数据分析平台的学习功能建设，让没有技术背景的初学者也能很快掌握大数据分析平台的操作。

未来的大数据分析平台的承载平台也不可能固定在某一类平台，但是无论哪一类平台，数据分析和分析结果的末端展示都离不开数据可视化技术。其实与其说数据可视化技术是大数据应用技术发展的需要，不如说数据可视化技术简化了数据分析技术，从而让更多的人可以走近大数据，使用大数据。

在大数据应用技术发展的历程中，还有许多技术伴随左右，但都没有以上这三大技术重要，因为它们直接勾勒了大数据分析平台的未来甚至是人类的未来。

在大数据概念中，目前还没有哪项单一技术能够满足所有应用需求。这些大数据技术或针对数字营销数据进行优化，或分析社交网络数据，再或者主要用已知数据来预防未知的风险，其应用领域比较具有针对性。

（三）大数据平台的技术部分

我们可以将一套完整的大数据平台拆分成几个不同的技术领域。从宏观上来看，大数据平台包含了三个重要的技术部分。

1. 数据交易技术

这一部分技术所从事的工作，是对一些传统的关系型数据或者非结构化数据进行处理，这些数据包括企业资源计划应用、数据仓库应用、在线交易处理等。

2. 数据交互技术

数据交互是第二类组成部分，它也是成长最迅速的一类大数据技术。数据交互技术主要是对社交网络、物联网设备和传感器、地理定位、影像文件、互联网点击、电子邮件等应用产生的数据进行处理。

3. 数据处理技术

在这一部分中，包含了技术架构、计算方式等内容。知名的 Hadoop 平台就是其中的一分子。另外，从微观层面，我们可以对大数据平台再进行更加细致的剖析。

（1）数据存储。数据存储是大数据平台的根本，也是所有大数据技术中产品种类最多的一个组成部分。没有了存储平台，数据也就没有了载体。在数据存储的组成中，包括了高性能的内核式分布存储系统、用户级别的分布存储以及业务级别的数据存储。这其中不乏 Hadoop 分布式文件系统这样的知名产品。

（2）数据同步。这一部分技术主要用于将基础架构产生的数据内容进行转换，以完成数据处理、系统监控等方面的操作。

（3）数据开发。顾名思义，数据开发技术主要承担了搭建大数据平台上层建筑的任务。其中涵盖了用户认证、数据鉴权、工作流、数据管理等多方面的任务。脸书为了更好地应用大数据技术，特别开发了名为脸书洞察（Facebook Insights）的产品，将大数据平台中的单元和属性抽离出来，以更好地掌控数据资源。

（4）数据计算。这一部分毫无疑问是一个大数据平台最为重要的技术核心。其承担了对海量数据进行再加工、再处理的任务。一般来说，可以将其分为离线计算与实时计算两种模式。

离线计算一般适用于对时间属性不敏感的应用，相对而言，其技术开发和构建的成本较低。但是由于离线计算需要数据同步技术对数据进行采集，过大的数据量会使得采集过程失败，因此目前用于离线计算的数据量还不能太大。

相较于离线计算，实时计算处理速度更快，但是其成本很高。目前实时计算大都用于金融、互联网等行业。

（5）数据挖掘。数据挖掘并不是一个新的技术，目前其发展已经非常成熟。在大数据的概念下，数据挖掘被赋予了新的意义。其所处理的数据类别越来越广泛，同时为了迎接海量数据，数据挖掘工具的性能也在不断提升。

在当今这个飞速发展的数字时代，大数据已经成为我们生活中必不可少的一部分。展望未来，围绕大数据还将有一些新的技术和商业模式诞生。数据将成为如同服装、汽车、家电或者是食物一样的商品，成为人们选购的对象。同时，精通大数据相关技术的数据科学家，也会成为一个新兴的职业类型，在新时代中扮演重要的角色。

（四）云平台与云存储

大数据的强大后台是云计算。简单地说，云计算包括三个部分：基础设施服务（Infrastructure-as-a-Service，IaaS）、平台服务（Platform-as-a-Service，PaaS）和软件服务（Software-as-a-Service，SaaS）。

1. 基础设施服务

基础设施服务是最基础的，它是云的一个服务端，用户可以通过互联网从计算机基础设施获得服务。平台服务的大多数用户是科技公司，这些公司通常有很强的 IT 专长，想要利用计算机强大的计算功能，但又不想负责安装和维护。

2. 平台服务

这是一个以云计算为基础的软件研发平台服务，公司可以利用这个平台在已有软件的基础上进一步发展或研发软件。平台服务环境能够和一些软件开发工具结合，如 Java、NET、Python 等，更方便用户进行编码以及在网络上共享其程序编码。目前平台服务在云计算的市场份额是三个部分中最小的，主要被一些公司用来外包其基础设施。

3. 软件服务

软件服务是目前云计算中利用最多并且发展最成熟的一部分，它利用互联网提供软件服务，而不需要被下载到用户端或者存储在一个数据中心。很多数据处理和文本处理软件，如 Word 等，开始逐渐转向一些云计算的软件服务，如谷歌应用（Google Apps）、微软 Office 365 等。

云计算的三个部分有一些共同的特点。首先，用户不需要购买任何空间，而是采用租借的形式利用云端存储空间。其次，云计算服务提供商负责所有的维护、管理、空间计划、问题处理和后备存储等。最后，相比传统方法，云计算服务更方便、更快捷，基础设施服务有更多的存储空间，平台服务可以处理更多的平台服务，软件服务可以被更多用户利用。

第四节　大数据的社会价值

一、大数据的社会价值体现

大数据技术的出现实现了巨大的社会价值，主要表现在如下几个方面。

（一）能够推动实现巨大经济效益

大数据技术的出现能够推动社会实现巨大经济效益，如促进了中国零售业净利润的增长，降低了制造业产品开发、组装成本等。2013 年全球大数据直接和间接拉动信息技术支出达 1 200 亿美元。

（二）能够推动增强社会管理水平

大数据在公共服务领域的应用，可有效推动相关工作开展，提高相关部门的决策水平、服务效率和社会管理水平，产生巨大的社会价值。欧洲多个城市通过分析实时采集的交通流量数据，指导驾车出行者选择最佳路径，从而改善城市交通状况。

（三）大数据在政府管理方面的应用

政府数据资源丰富，应用需求旺盛，政府既是大数据发展的推动者，也是大数据应用的受益者。政府应用大数据可以更好地响应社会和经济指标变化，解决城市管理、安全管控、行政监管中的实际问题，预测判断事态走势等。对政府管理而言，大数据的价值在于提高决策科学化与管理精细化的水平。

（四）大数据在公共服务领域的应用

大数据在公共服务中的交通、医疗、教育、预测等领域得到广泛应用。随着第三方服务机构的参与，公众需求被不断挖掘，应用场景逐步丰富。

政府或第三方机构可以通过对交通、医疗、教育、天气等领域的大数据实时分析，提高对危机事件和未来趋势的预判能力，为实现更好、更科学的危机响应和事前决策提供了技术基础。

二、大数据的社会价值实现的前提

如果没有高性能的分析工具，大数据的社会价值就得不到释放。对大数据应用必须保持清醒的认识，既不能迷信其分析结果，也不能因为其不完全准确而否定其重要作用。

由于各种原因，所分析处理的数据对象不可避免地会包括各种错误数据、无用数据，加之作为大数据技术核心的数据分析、人工智能等技术尚未完全成熟，所以对计算机完成的大数据分析处理的结果，无法要求其完全准确。例如，谷歌通过分析亿万用户搜索内容能够比专业机构更快地预测流感暴发，但由于微博上无用信息的干扰，这种预测也曾多次出现不准确的情况。

必须清楚的是，大数据作用与价值的重点在于能够引导和启发大数据应用者的创新思维，辅助决策。简单而言，若是处理一个问题，通常人能够想到一种方法，而大数据能够提供十种参考方法，哪怕其中只有三种可行，也将解决问题的思路拓展了三倍。

所以，客观认识和发挥大数据的作用，不夸大、不缩小，是准确认知和应用大数据的前提。

第五节　大数据的商业应用

一、商业大数据的类型和商业价值挖掘方法

（一）商业大数据的类型

商业大数据的类型大致可分为三类。

1. 传统企业数据

传统企业数据包括客户关系管理（Customer Relationship Management，CRM）系统的消费者数据、传统的企业资源计划数据、库存数据以及账目数据等。

2. 机器和传感器数据

机器和传感器数据包括呼叫记录（Call Detail Records）、智能仪表、工业设备传感器、物联网传感设备、设备日志、交易数据等。

3. 社交数据

社交数据（Social Data）包括用户行为记录、反馈数据等，如推特、脸书这样的社交媒体平台。

（二）利用大数据挖掘商业价值的方法

利用大数据挖掘商业价值的方法主要分为以下四种。

（1）客户群体细分，为每个群体量定制特别的服务。

（2）模拟现实环境，发掘新的需求的同时提高投资的回报率。

（3）加强部门联系，提高整条管理链条和产业链条的效率。

（4）降低服务成本，发现隐藏线索进行产品和服务的创新。

（三）传统商业智能技术与大数据应用的比较

随着新型商业智能的产生，传统针对海量数据的存储处理，通过建立数据中心，建设包括大型数据仓库及其支撑运行的软硬件系统，设备（包括服务器、存储、网络设备等）越来越高档，数据仓库、联机分析处理及商业智能等平台越来越庞大，但这些需要的投资也越来越大，而面对数据的增长速度，越来越力不从心，所以基于传统技术的数据中心建设、运营和推广难度也越来越大。

另外，一般能够使用传统的数据库、数据仓库和商业智能工具能够完成的处理和分析挖掘的数据，还不能称为大数据，这些技术也不能叫大数据处理技术。面对大数据环境，包括数据挖掘在内的商业智能技术正在发生着巨大的变化。

传统的商业智能技术，包括数据挖掘，主要任务是建立比较复杂的数据仓库模型、数据挖掘模型，来分析和处理不太多的数据。

云计算模式、分布式技术和云数据库技术的应用，使得我们不需要复杂的模型，不用考虑复杂的计算算法，就能够处理大数据，对于不断增长的业务数据，用户也可以通过添加低成本服务器甚至是 PC，来处理海量数据记录的扫描、统计、分析、预测。如果商业模式变化了，需要一分为二，那么新商业智能系统也可以很快地、相应地一分为二，继续强力支撑商业智能的需求。

所以实际是对传统商业智能的发展和促进，商业智能将出现新的发展机遇。面对风云变幻的市场环境，快速建模、快速部署是新商业智能平台的强力支撑。而不像过去那样艰难前行，难以承受商业运作的变化。

二、全球大数据市场结构

全球大数据市场结构从垄断竞争向完全竞争格局演化。企业数量迅速增多，产品和服务的差异度增大，技术门槛逐步降低，市场竞争越发激烈。

全球大数据市场中，行业解决方案、计算分析服务、存储服务、数据库服务和大数据应用为市场份额排名最靠前的细分市场，分别占据 35.4%、17.3%、14.7%、12.5% 和 7.9% 的市场份额。云服务的市场份额为 6.3%，基础软件占据 3.8% 的市场份额，网络服务仅占了 2% 的市场份额。

全球大数据发展呈现两极分化的态势。欧美等发达地区和国家拥有先发优势，处于产业发展领导地位，中国、日本、韩国、澳大利亚、新加坡等国家分别发挥各自在数据资源、行业应用、技术积累、政策扶持等方面的优势，紧紧跟随，并在个别领域处于领先。其他多数国家的大数据发展相对缓慢，还停留在概念炒作和基础设施建设阶段。在开源技术的支撑下，技术已不是大数据发展的最大障碍，信息化基础和数据资源成为一个国家和地区大数据发展的关键要素。

三、大数据给中国带来的十大商业应用场景

我国大数据市场的供给结构初步形成，并与全球市场相似，呈现三角形结构，即以百度、阿里巴巴、腾讯为代表的互联网企业，以华为、联想、浪潮、曙光、用友等为代表的传统 IT 厂商，以亿赞普、拓尔思、海量数据、九次方等为代表的大数据企业。

在未来的几十年里，大数据都将会是一个重要的话题。大数据影响着每一个人，并在可以预见的未来继续影响着。大数据冲击着许多主要行业，包括零售行业、金融行业、医疗行业等，大数据也将彻底地改变我们的生活。下面就来看看大数据给中国带来的十大商业应用场景，未来大数据产业将会是一个万亿市场。

（一）智慧城市

如今，世界超过一半的人口生活在城市里，到 2050 年这一数字会增长到 75%。政府需要利用一些技术手段来管理好城市，使城市里的资源得到良好配置。既不出现由于资源配置不平衡而导致的效率低下，又要避免不必要的资源浪费而导致的财政支出过大。大数据作为其中的一项技术可以有效帮助政府实现资源科学配置，精细化运营城市，打造智慧城市。

城市的道路交通，完全可以利用 GPS 数据和摄像头数据来进行规划，包括道路红绿灯时间间隔和关联控制，直行和左右转弯车道的规划、单行道的设置。利用大数据技术实施的城市交通智能规划，至少能够提高 30% 左右的道路运输能力，并能够降低交通事故率。在美国，政府依据某一路段的交通事故信息来增设信号灯，降低了 50% 以上的交通事故。机场的航班起降依靠大数据将会提高航班管理的效率，航空公司利用大数据可以提高上座率，降低运行成本。铁路利用大数据可以有效安排客运和货运列车，提高效率、降低成本。

城市公共交通规划、教育资源配置、医疗资源配置、商业中心建设、房地产规划、产业规划、城市建设等都可以借助大数据技术进行良好规划和动态调整。

大数据技术可以了解经济发展情况，各产业发展情况，消费支出和产品销售情况，依据分析结果，科学地制定宏观政策，平衡各产业发展，避免产能过剩，有效利用自然资源和社会资源，提高社会生产效率。大数据技术也能帮助政府进行支出管理，透明合理的财政支出将有利于提高公信力和监督财政支出。大数据及大数据技术带给政府的不仅仅是效率提升、科学决策、精细管理，更重要的是数据治国、科学管理的意识改变，未来大数据将会从各个方面来帮助政府实施高效和精细化管理，具有极大的想象空间。

（二）金融行业

大数据在金融行业应用范围较广，典型的案例有花旗银行利用 IBM 计算机为财富管理客户推荐产品，美国银行利用客户点击数据集为客户提供特色服务。中国金融行业大数据应用开展得较早，但都是以解决大数据效率问题为主，很多金融行业建立了大数据平台，

对金融行业的交易数据进行采集和处理。

金融行业过去的大数据应用以分析自身财务数据为主，以提供动态财务报表为主，以风险管理为主。在大数据价值变现方面，开展得不够深入，这同金融行业每年上万亿的净利润相比是不匹配的。现在已经有一些银行和证券开始和移动互联网公司合作，一起进行大数据价值变现，其中招商银行、平安集团、兴业银行、国信证券、海通证券在移动大数据精准营销、获客、用户体验等方面进行了不少的尝试，大数据价值变现效果还不错，大数据正在帮助金融行业进行价值变现。大数据在金融行业的应用可以总结为以下五个方面。

（1）精准营销：依据客户消费习惯、地理位置、消费时间进行推荐。

（2）风险管控：依据客户消费和现金流提供信用评级或融资支持，利用客户社交行为记录实施信用卡反欺诈。

（3）决策支持：利用决策树技术进行抵押贷款管理，利用数据分析报告实施产业信贷风险控制。

（4）效率提升：利用金融行业全局数据了解业务运营薄弱点，利用大数据技术加快内部数据处理速度。

（5）产品设计：利用大数据计算技术为财富客户推荐产品，利用客户行为数据设计满足客户需求的金融产品。

（三）医疗行业

医疗行业拥有大量病例、病理报告、医疗方案、药物报告等。如果这些数据进行整理和分析，将会极大地帮助医生和病人。在未来，借助大数据平台我们可以收集疾病的基本特征和治疗方案，建立针对疾病的数据库，帮助医生进行疾病诊断。

如果未来基因技术发展成熟，则可以根据病人的基因序列特点进行分类，建立医疗行业的病人分类数据库。在医生诊断病人时可以参考病人的疾病特征、化验报告和检测报告，参考疾病数据库来快速帮助病人确诊。在制定治疗方案时，医生可以依据病人的基因特点，调取相似基因、年龄、人种、身体情况相同的有效治疗方案，制定出适合病人的治疗方案，帮助更多人及时进行治疗。同时这些数据也有利于医药行业开发出更加有效的药物和医疗器械。

医疗行业的数据应用一直在进行，但是数据没有打通，都是孤岛数据，没有办法大规模应用。未来需要将这些数据统一收集起来，纳入统一的大数据平台，为人类健康造福。政府是推动这一趋势的重要动力，未来市场将会超过几千亿元。

（四）农牧业

农产品不容易保存，合理种植和养殖农产品对农民非常重要。借助大数据提供的消费能力和趋势报告，政府将为农牧业生产进行合理引导，依据需求进行生产，避免产能过剩，造成不必要的资源和社会财富浪费。大数据技术可以帮助政府实现农业的精细化管理，实现科学决策。在数据驱动下，结合无人机技术，农民可以采集农产品生长信息、病虫害信息。

农业生产面临的危险因素很多，但这些危险因素很大程度上可以通过除草剂、杀菌剂、杀虫剂等技术产品进行消除。天气成了影响农业生产非常大的决定因素。过去的天气预报仅仅能提供当地的降雨量，但农民更关心有多少水分可以留在土地上，这些是由降雨量和土质来决定的。大数据服务公司利用政府开放的气象站的数据和土地数据建立了模型，可以告诉农民可以在哪些土地上耕种一，哪些土地今天需要喷雾并完成耕种，哪些正处于生长期的土地需要施肥，哪些土地需要 5 天后才可以耕种，大数据技术可以帮助农业创造巨大的商业价值。

（五）零售行业

零售行业比较有名气的大数据案例就是沃尔玛的啤酒和尿布的故事。零售行业可以通过客户购买记录，了解客户关联产品购买喜好，将相关的产品放到一起来增加产品销售额，如将洗衣服相关的化工产品（如洗衣粉、消毒液、衣领净等）放到一起进行销售。根据客户相关产品购买记录而重新摆放的货物将会给零售企业增加 30% 以上的产品销售额。

零售行业还可以记录客户购买习惯，将一些日常需要的必备生活用品，在客户即将用完之前，通过精准广告的方式提醒客户进行购买。或者定期通过网上商城进行送货，既帮助客户解决了问题，又提高了客户体验。

电商行业的巨头——天猫和京东，已经通过客户的购买习惯，将客户日常需要的商品如尿不湿、卫生纸、衣服等依据客户购买习惯事先进行准备。当客户刚刚下单，商品在 24 h 或者 30 min 内就会被送到客户门口，提高了客户体验。利用大数据的技术，零售行业将至少会提高 30% 的销售额，并提升客户购买体验。

（六）大数据技术产业

进入移动互联网之后，非结构化数据和结构化数据呈指数方式增长。现在人类社会每两年产生的数据将超过人类历史过去所有数据之和。这些数据如何存储和处理将会成为很大的问题。

这些大数据为大数据技术产业提供了巨大的商业机会。据估计全世界在大数据采集、存储、处理、清晰、分析所产生的商业投资将会超过 2 000 亿美元，包括政府和企业在大数据计算和存储，数据挖掘和处理等方面的投资。中国 2014 年大数据产业产值已经超过了千亿元，贵阳大数据博览会就吸引了 400 多家厂商来参展，充分说明大数据产业的未来的商业价值巨大。

未来中国的大数据产业将会呈几何级数增长，未来中国的大数据产业将会形成万亿规模的市场。不仅仅是大数据技术产品的市场，也将是大数据商业价值变现的市场。大数据将会在企业的精准营销、决策分析、风险管理、产品设计、运营优化等领域发挥重大的作用。

大数据技术产业将会解决大数据存储和处理的问题，大数据服务公司将利用自身的数据解决大数据价值变现问题，其所带来的市场规模将超过千亿元。中国目前拥有大数据，并提供大数据价值变现服务的公司除了众所周知的百度、阿里巴巴、腾讯和移动运营商之外，360、小米、京东等都会成为大数据价值变现市场的有力参与者，期望他们将市场进一步做大。

（七）物流行业

中国的物流产业规模大概有 5 万亿元，其中公里物流市场大概有 3 万亿元，物流行业的整体净利润从过去的 30% 以上降低到了 20% 左右，并且下降的趋势明显。物流行业很多的运力浪费在返程空载、重复运输、小规模运输等方面。中国市场最大的物流公司所占的市场份额不到 1%。因此资源需要整合，运送效率需要提高。

物流行业借助大数据，可以建立全国物流网络，了解各个节点的运货需求和运力，合理配置资源，降低货车的返程空载率，降低超载率，减少重复路线运输，降低小规模运输比例。通过大数据技术，及时了解各个路线货物运送需求，同时建立基于地理位置和产业链的物流港口，实现货物和运力的实时配比，提高物流行业的运输效率。借助大数据技术对物流行业进行的优化资源配置，至少可以增加物流行业 10% 的收入，其市场价值将在 5 000 亿元左右。

（八）房地产业

中国房地产业发展面临的挑战逐渐增加，房地产业正从过去的粗放发展方式转向精细运营方式，房地产企业在拍卖土地、住房地产开发规划、商业地产规划方面也将会谨慎进行。

借助大数据，特别是移动大数据技术，房地产业可以了解开发土地所在范围常住人口数量、流动人口数量、消费能力、消费特点、年龄阶段、人口特征等重要信息。这些信息将会帮助房地产商在商业地产开发、商户招商、房屋类型、小区规模上进行科学规划。利用大数据技术，房地产业将会降低房地产开发前的规划风险，合理制定房价，合理制定开发规模，合理进行商业规划。大数据技术可以降低土地价格过高、实际购房需求过低的风险。已经有房地产公司将大数据技术应用于用户画像、土地规划、商业地产开发等领域，并取得了良好的效果。

（九）制造业

制造业过去面临生产过剩的压力，很多产品包括家电、纺织产品、钢材、水泥、电解铝等都没有按照市场实际需要生产，造成了资源的极大浪费。利用电商数据、移动互联网数据、零售数据，我们可以了解未来产品市场的需求，合理规划产品生产，避免生产过剩。

例如，依据用户在电商搜索产品的数据以及物流数据，可以推测出家电产品和纺织产品未来的实际需求量，厂家将依据这些数据进行生产，避免生产过剩。移动互联网的位置信息可以帮助了解当地人口进出的趋势，避免生产过多的钢材和水泥。

大数据技术还可以根据社交数据和购买数据来了解客户需求，帮助厂商进行产品开发，设计和生产出满足客户需要的产品。

（十）互联网广告业

2014 年中国互联网广告市场迎来发展高峰，市场规模预计达到 1 500 亿元，较 2013 年增长 56.5%。数字广告越来越受到广告主的重视，其未来市场规模越来越大。

过去的广告投放都是以好的广告渠道＋广播式投放为主，广告主将广告交给广告公司，由广告公司安排投放，其中 SEM 广告市场最大，其他的广告投放方式也是以页面展示为主，大多是广播式广告投放。广播式投放的弊端是投入资金大，没有针对目标客户，面对所有客户进行展示，广告的转化率较低，并存在数字广告营销陷阱等问题。

大数据技术可以将客户在互联网上的行为记录下来，对客户的行为进行分析，打上标签并进行用户画像。特别是进入移动互联网时代之后，客户主要的访问方式转向了智能手机和平板电脑。移动互联网的数据包含了个人的位置信息，其 360° 用户画像更加接近真实人群。360° 用户画像可以帮助广告主进行精准营销，广告公司可以依据用户画像的信息，将广告直接投放到用户的移动设备，通过用户经常使用的 APP 进行广告投放，其广告的转化可以大幅度提高。利用移动互联网大数据技术进行的精准营销将会提高十倍以上的客户转化率，广告行业的程序化购买正在逐步替代广播式广告投放。大数据技术将帮助广告主和广告公司直接将广告投放给目标用户，从而降低广告投入，提高广告的转化率。

第六节　大数据与商业模式创新

一、商业模式创新的特点

商业模式创新的企业有几个共同特征，或者说构成商业模式创新的特点。

（1）商业模式创新更注重从客户的角度，从根本上思考设计企业的行为，视角更为外向和开放，更多注重企业经济方面的因素。

商业模式创新的出发点是，如何从根本上为客户创造增加的价值。因此，其逻辑思考的起点是客户的需求，根据客户需求考虑如何有效满足它，这点明显不同于许多技术创新。一种技术可能有多种用途，技术创新的视角常常从技术特性与功能出发，看它能用来干什么，去找它潜在的市场用途。商业模式创新即使涉及技术，也多是技术的经济方面因素，与技术所蕴含的经济价值及经济可行性有关，而不是纯粹的技术特性。

（2）商业模式创新表现得更为系统和根本。它不是单一因素的变化，常常涉及商业模式多个要素同时大的变化，需要企业组织的较大战略调整，是一种集成创新。商业模式创新往往伴随产品、工艺或者组织的创新；反之，则未必足以构成商业模式创新。

如开发出新产品或者新的生产工艺，就是通常认为的技术创新。技术创新，通常是对有形实物产品的生产来说的。但如今是服务为主导的时代，如美国 2006 年服务业比重高达 68.1%，对传统制造企业来说，服务也远比以前重要。因此，商业模式创新也常体现为服务创新，表现为服务内容、方式及组织形态等多方面的创新变化。

（3）从绩效表现来看，商业模式创新如果提供全新的产品或服务，那么它可能开创了一个全新的可赢利产业领域，即便提供已有的产品或服务，也更能给企业带来更持久的盈利能力与更大的竞争优势。

传统的创新形态，能带来企业局部内部效率的提高和成本的降低，而且它容易被其他企业在较短时期内模仿。商业模式创新，虽然也表现为企业效率提高、成本降低，但由于它更为系统和根本，涉及多个要素的同时变化，因此，它也更难以被竞争者模仿，常给企业带来战略性的竞争优势，而且优势常可以持续数年。

二、商业模式创新为企业带来的创新

（一）战略定位创新

战略定位创新主要围绕的是企业的价值主张、目标客户及顾客关系方面的创新，具体指企业选择什么样的顾客，为顾客提供什么样的产品或服务，希望与顾客建立什么样的关系，其产品和服务能向顾客提供什么样的价值等方面的创新。在激烈的市场竞争中，没有哪一种产品或服务能够满足所有的消费者，战略定位创新可以帮助我们发现有效的市场机会，提高企业的竞争力。在战略定位创新中，企业首先要明白自己的目标客户是谁，其次是如何让企业提供的产品或服务在更大程度上满足目标客户的需求。在前两者都确定的基础上，再分析选择何种客户关系，合适的客户关系也可以使企业的价值主张更好地满足目标客户。

（二）资源能力创新

资源能力创新是指企业对其所拥有的资源进行整合和运用能力的创新，主要是围绕企业的关键活动，建立和运转商业模式所需要的关键资源的开发与配置、成本及收入源方面的创新。所谓关键活动，是指影响其核心竞争力的企业行为；关键资源指能够让企业创造并提供价值的资源，主要指那些其他企业不能够代替的物质资产、无形资产、人力资本等。在确定了企业的目标客户、价值主张及顾客关系之后，企业可以进一步进行资源能力的创新。

一方面，企业要分析在价值链条上自己拥有或希望拥有哪些别人不能代替的关键能力，根据这些能力进行资源的开发与配置。另一方面，如果企业拥有某项关键资源如专利权，也可以针对其关键资源制定相关的活动；对关键能力和关键资源的创新也必将引起收入源及成本的变化。

（三）商业生态环境创新

商业生态环境创新是指企业将其周围的环境看作一个整体，打造出一个可持续发展的共赢的商业环境。商业生态环境创新主要围绕企业的合作伙伴进行创新，包括供应商、经销商及其他市场中介，在必要的情况下，还包括其竞争对手。市场是千变万化的，顾客的需求也在不断变化，单个企业无法完全完成这一任务，企业需要联盟、需要合作来达到共赢。

企业战略定位及内部资源能力都是企业建立商业生态环境的基础。没有良好的战略定位及内部资源能力，企业将失去挑选优秀外部合作者的机会以及与他们议价的筹码。一个可持续发展的共赢的商业环境也将为企业未来发展及运营能力提供保证。

（四）混合商业模式创新

混合商业模式创新是一种战略定位创新、资源能力创新和商业生态环境创新相互结合的方式。据研究，企业的商业模式创新一般都是混合式的，因为企业商业模式的构成要素即战略定位、内部资源、外部资源环境之间是相互依赖、相互作用的，每一部分的创新都会引起另一部分相应的变化。而且，这种由战略定位创新、资源能力创新和商业生态环境创新两两相结合甚至同时进行的创新方式，都会为企业经营业绩带来巨大的改善。

三、基于大数据分析的商业模式创新

（一）加大数据处理分析能力

所谓大数据，最为核心的就是要看对于大量数据的核心分析能力。但是，大数据核心分析能力的影响不仅存在于数据管理策略、数据可视化与分析能力等方面，从根本上也对数据中心 IT 基础设施架构甚至机房设计原则等提出了更高的要求。为了达到快速高效处理大量数据的能力，整个 IT 基础设施需要进行整体优化设计，应充分考量后台数据中心的高节能性、高稳定性、高安全性、高可扩展性、高度冗余、基础设施建设这六个方面，同时更需要解决大规模节点数的数据中心的部署、高速内部网络的构建、机房散热以及强大的数据备份等问题。

（二）提高专业技术人员的技术水平

有这样一则故事，讲的是福特爱"才"、取之有道的故事：有一次福特公司的一台马达坏了，公司出动所有的工程技术人员，但是没有一个人能修复，福特公司只得另请高明。几经寻找，找到了思坦因曼思，他原是德国工程技术人员，流落到美国后，被一家小工厂的老板看中并雇用了他。他到了现场后，在马达旁听了听，要了把梯子，一会儿爬上一会儿爬下，最后在马达的一个部位用粉笔画上一道线，写上几个字"这儿的线圈多了 16 圈"。果然把多余的线圈去掉后，马达立即恢复正常。亨利·福特非常赏识思坦因曼思的才华，就邀请他来福特公司工作，但思坦因曼思却说："我现在的公司对我很好，我不能忘恩负义。"福特马上说："我把你供职的公司买下来，你就可以来工作了。"福特为了得到一个人才不惜买下了一个公司。

由此可见人才的重要性，因此企业要采取多种形式引进优秀人才。在注重优秀人才引进的同时要加强对人才的教育和培养，并建立合理的人力资源管理体制，建立起合理的薪酬制度和员工激励制度。中小企业可以积极满足员工的各种需要，如制定促进组织目标实现的福利项目，如医疗福利等，为员工提供一个自我发展的舞台、自我价值实现的桥梁。

同时，还可以借鉴在西方国家盛行的"弹性福利计划"，由员工在企业规定的时间和金额范围内，按照自己的意愿搭建自己的福利项目组合，满足员工对福利灵活机动的要求，提高员工的满意度，最终实现留住优秀人才的长远发展目标。

（三）理论与实践相结合促进商业模式的创新

阿里巴巴是全球企业界电子商务的著名品牌，是目前全球最大的网上交易市场和商务交流社区。良好的定位、稳固的结构、优秀的服务使阿里巴巴成为全球首家拥有 600 余万商人的电子商务网站，成为全球商人网络推广的首选网站，被商人们评为"最受欢迎的 B2B 网站"。

阿里巴巴商业模式创新的成功主要归功于其相对完善的网上诚信保障机制的建立。

1. 精准的市场定位

阿里巴巴清晰地为业界定位其目标客户——众多的中小企业。阿里巴巴相关人士认为，在全球化日益发展的今天，中小企业无疑将拥有更多的介入机会和发展动力，依靠自身激动灵活的优势获得更大的成长空间。

2. 关键资源能力的构建

一是团队智慧。阿里巴巴团队认为，帮助客户成功，才是自己成功的最好体现。二是文化资源。阿里巴巴共享价值观体系的强大企业文化可归纳为六个核心价值观，即客户第一、团队合作、拥抱变化、诚信、激情、敬业。

3. 成功的盈利模式

阿里巴巴的利润主要来源于注册会员缴纳的会员费。其付费会员有两种类型：国际交易平台的会员和国内交易平台的会员。

第七节　如何成为大数据企业

对企业而言，大数据实质上是一种管理思维，其支点在于业务信息资源与社交媒体的融合，以及内外部数据的融合，在这样的支点上反思企业的组织形态、运作范式和价值创造模式，是大数据企业的真正内涵所在。

一家中等规模的百货商场，通过视频监控记录商场各个区域的客流人数，从而评估每天各个时段客流的在店时长，进而结合销售记录数据估算出客流中带有明确购买目标的"搜索型"顾客和无明确购买目标的"浏览型"顾客的比例，从而为之设计有针对性的营销手段和服务措施。

这一实践中所涉及的数据量，从技术视角上看并不算庞大，但该商场对多源数据的整合和开发，不失为基于大数据管理的一种典型体现。

从理论上来说，每个企业都可能拥有大数据，但是并非每个企业都能够成为大数据企业。

大数据因其体量之大而得名，然而体量并非大数据的唯一特征，甚至也不是大数据最为重要的特征。巨大的体量凸显的是技术需求。而对于管理者而言，刻意追求巨大体量的数据并不具有多少现实意义，大数据更重要的特征在于其多样化的来源和形态、持续快速的产生和演变，以及对深度分析能力的高度依赖。因此，企业对大数据的驾驭和掌控，其核心并不在于拥有多大规模的数据，而在于是否能够对来自企业内外部多样化信息源的涌流数据进行敏捷持续的捕捉和整合，并通过深度分析开发其商务价值。

在管理视角上，大数据既不是一种技术，也不是一种应用系统，而应该是一种立足于企业内外部数据融合以提升管理效率、开拓价值创造模式的管理思维。

企业内部数据有两个主要维度：

一是与业务功能及流程紧密相关的数据，如库存信息、物料需求信息、生产计划信息、采购信息等，可统称为业务流程信息。

二是企业内员工及各种管理系统在其日常工作及活动中所创造、记录、交换和积累的信息，如员工间的交流记录、工作心得、经验分享、活动新闻等，可统称为知识及沟通信息。

这两个数据维度的发展和融合，催生出了企业内部大数据。

在集成化企业系统、内部社交媒体以及深度数据分析技术的共同支撑下，杰克·韦尔奇所畅想的"无边界组织"在新兴环境下成为可能，并被赋予了新的内涵。部门边界、层级边界被紧密的业务联系和广泛的社交联系弱化，结构化的业务流程信息与非结构化的知识及沟通信息被多维度融合的深度数据分析能力连接在一起，从而使企业真正具有驾驭内部大数据的能力。

一、驾驭企业外部大数据

在企业外部的视角上，数据资源也包括两个维度：

一是与上下游交易直接相关的供应链信息，如交易报价信息、订单信息、上下游企业库存及生产能力信息等。

二是市场及社会环境信息，如原材料价格走势、市场需求及消费者偏好信息、顾客服务及满意度信息等。

企业外部大数据的基本特征，也正是在这两个维度的发展之中呈现出来的。

供应链信息集成与市场及社会环境信息的融合，构成企业外部大数据的核心特征。来自社交媒体信息源的市场环境信息与来自组织间信息系统的供应链信息相结合，借助深度数据分析技术实现面向企业商务网络的预测与优化，并支撑起实时化、精确化、个性化的消费者洞察与敏捷响应，在此基础上为基于网络协同及社会化商务的模式创新提供了丰富的可能性。因此，对外部大数据的管理和驾驭，也将成为现代企业在网络化的商务生态系统中占据主导地位并获取经营优势的关键途径。

二、成为大数据企业

基于以上分析，企业内部大数据的焦点，在于业务流程信息与知识及沟通信息的融合；企业外部大数据的焦点，在于供应链信息与市场及社会环境信息的融合。进而，大数据时代企业组织的基本内涵，在于内部大数据与外部大数据的全方位融合。

在不同类型的数据之间，致力于大数据管理的企业可以有两种不同的发展策略。第一种是以社交媒体与业务数据的融合为主导，以期通过敏捷响应快速发现并应对内外部环境中的变化和机遇的策略。在这种策略下，面向高速数据流的实时数据采集和分析方法，将成为大数据管理的主要支撑手段。第二种策略是以内外部数据融合为主导，以期通过全面汇集内外部信息，对中长期发展趋势做出准确的预判，从而实现高度优化的业务决策，并通过对信息环境的掌控，获取企业网络生态系统中的领导地位的策略。在这种策略下，大规模多源异构数据的采集、清洗和整合方法，将成为大数据管理的核心支撑。

三、如何挖掘企业大数据的价值

企业大数据的价值开发高度依赖于深度数据分析能力。从内外部融合的视角上来看，企业大数据分析包括三个基本维度，即内容、关系和时空。

1. 内容维度

内容维度指的是数据本身所承载的信息内容。例如，G 公司是一家大型电信服务商，其内部建设实施了一套"班组博客"系统。在这个内部社交媒体平台上，公司中的 3 000 多个工作团队都开设了自己的博客，用于发布和交流工作经验、生活体验等方面的内容。经过数年的发展，整个博客系统中积累了博文 700 多万篇，评论超过 1 500 万条，并保持着每月 15 万篇以上的博文发表数量，年阅读量超过 1 000 万篇次。

对于这一平台所积累的大量数据的价值开发，体现在对其信息内容的提炼上。平台上与工作相关的博文内容，如客服案例、经验分享等，经自动筛选分类、主题识别、关键词索引之后，被构建成企业知识库，为业务及管理工作提供快速有效的知识支撑，同时成为员工培训和自学的有力工具。而大量与工作无关的博文和评论内容，包括生活常识、娱乐信息、心情表达、心灵鸡汤等，在智能化的分类整理之后，也成为该公司的一个独特的文化情景，支撑着企业中活跃的氛围，强化了员工的文化认同。

2. 关系维度

关系维度指的是数据及其所指代的对象之间的联系。在 G 公司的"班组博客"中，员工的发表、阅读、评论、回复、关注等行为详尽地反映了其相互之间密集而持续的联系，而这些联系毫无遗漏地被记录在平台的数据库之中。通过对这些关系结构的深度分析和挖掘，G 公司获得了对员工及团队的影响力、凝聚力、创造力更为准确而深入的评估手段。进一步而言，博客平台的行为记录数据与业务系统中的事务处理记录数据，以及员工及团队的绩效表现数据，也能够被有效地关联起来，从而使得管理者拥有强有力的工具，帮助其发现和理解员工的行为特质、工作表现、业务能力之间的潜在关联，进而实现良性优化的人员配置和人才培养。

3.时空维度

时空维度指的是数据生成及传播的位置以及数据随时间演变的模式。对 G 公司而言，其数以千计的业务场所分散在众多城市的不同地点，因此，数据中的位置信息对于虚拟化的团队协同而言具有直接的意义。此外，位置信息也包括了数据在组织功能结构和层级结构中所处的位置。同时，在 G 公司的"班组博客"中，对特定话题时间演变规律的分析，也为管理者提供了有效的参考。其中对企业重要活动、运营理念相关信息在"班组博客"中的传播演变模式的跟踪，有效地揭示了员工对管理理念的认知、态度和接受过程。

更深入的价值开发来自上述三个维度的交叉综合。例如，内容维度与关系维度的结合，使得 G 公司能够识别员工的兴趣偏好、社交特质、工作性质以及工作表现之间的匹配关系，也能够更为准确地发现那些分散在不同的员工手中，但具有重要潜在影响力的经验、创意以及机遇信号。内容维度、关系维度与时空维度的结合，使得企业能够更为深入地理解不同的员工特质、知识技能、团队特性、热点偏好在整个组织中的分布，以及这些结构随时间演变的过程和趋势，从而更为有效地调度和配置这些资源。

这些维度上的分析需求，主要需要三方面的数据分析技术予以支撑。

第一类支撑技术是全局视图技术。对于管理者而言，对大数据内容全局状况的把握，往往是开发大数据价值的一个基本需求。然而大数据的体量和结构复杂性往往远远超出人类认知的信息承载能力。因此，有效的技术应当能够在大量数据中提取出一个足够小的集合以呈现给管理者，并使得这个小集合能够充分地代表数据全局。例如，在 G 公司的博客平台上，一种"代表性博文提取"技术能够在每天所出现的数以千计的博文中自动选择出 10 篇。这 10 篇博文在很大程度上全面代表了当天所出现的数千篇文章，既充分反映热点，也不会忽略冷门信号，从而使得管理者能够通过阅读这些文章来了解全局。

第二类支撑技术是关联发现技术，其目标在于敏锐识别数据间的联系。例如，当 G 公司试图整合博客平台、业务系统、人力资源系统中的数据以全方位分析员工、团队特质以及绩效信息时，大量的数据属性之间所构成的复杂潜在关联网络，就需要强有力的关联发现技术来加以处理。

第三类支撑技术是动态跟踪技术，即实时化的流数据分析处理、快速增量数据分析。

三方面技术都处于快速发展之中，但尚未全面成熟，有待于学界和业界的持续努力和探索。

四、大数据实质上是一种管理思维

从一定意义上说来，业务资源集成与社交媒体相融合的过程，是一个"信息去中心化"的过程。信息资源的创造和管理，从以往以经营和运作为核心的中心化模式，转化为以分散创造、自由传播、灵活汇聚为特征的众创模式。另外，内外部数据融合的过程，是一个

"信息去边界化"的过程。企业部门之间的信息交换、企业之间的信息交换以及企业与市场环境的信息，以日益多样化、实时化的方式实现。

这样的转变对于企业组织及其员工而言，其影响将会是多方面的。正面的影响可能包括创新意识与创新行为的出现、员工能力和技能的发展、沟通满意度的提升、员工关系资本的建立和积累、员工对组织的认同和归属感的增加；而负面的影响则可能包括员工注意力分散、过度争论，以及负面情绪的传播等。所以，建设大数据企业的过程，也将会是一个伴随着困难与风险的过程。在此过程中，需要管理者有效地把握创新发展的长期收益与短期业绩之间的平衡，在推进大数据融合的同时防范和控制其中的组织风险，并审慎地思考和重新定义组织内外部边界。

换言之，对企业而言，大数据实质上是一种管理思维，其支点在于业务信息资源与社交媒体的融合，以及内外部数据的融合，在这样的支点上反思企业的组织形态、运作范式和价值创造模式，是大数据企业的真正内涵所在。

第二章　大数据时代的思维变革

虽然亚马逊的故事大多数人都耳熟能详，但只有少数人知道它早期的书评内容最初是由人工完成的。当时，亚马逊聘请了一个由二十多名书评家和编辑组成的团队，他们写书评、推荐新书，挑选非常有特色的新书标题放在亚马逊的网页上。这个团队创立了"亚马逊的声音"这个版块，成为当时公司皇冠上的一颗宝石，是其竞争优势的重要来源。《华尔街日报》的一篇文章中热情地称他们为全美最有影响力的书评家，因为他们使得书籍销量猛增。

亚马逊公司的创始人及总裁杰夫·贝佐斯（Jeff Bezos）决定尝试一个极富创造力的想法：根据客户个人以前的购物喜好，为其推荐相关的书籍，从一开始，亚马逊就从每一个客户那里收集了大量的数据。例如，客户购买了什么书籍？哪些书客户只浏览却没有购买？浏览了多久？哪些书是客户一起购买的？客户的信息数据量非常大，所以亚马逊必须先用传统的方法对其进行处理，通过样本分析找到客户之间的相似性。但这些推荐信息是非常原始的，就如同你在买一件婴儿用品时，会被淹没在一堆差不多的婴儿用品中一样。詹姆斯·马库斯回忆说："推荐信息往往为你提供与你以前购买物品有微小差异的产品，并且循环往复。"

亚马逊的格雷格·林登（Greg Linden）很快就找到了一个解决方案。他意识到，推荐系统实际上并没有必要把顾客与其他顾客进行对比，这样做其实在技术上也比较烦琐。他需要做的是找到产品之间的关联性。1998 年，林登和他的同事申请了著名的协同过滤技术的专利。方法的转变使技术发生了翻天覆地的变化。

因为估算可以提前进行，所以推荐系统不仅快，而且适用于各种各样的产品。因此，当亚马逊跨界销售除书以外的其他商品时，也可以对电影或烤面包机这些产品进行推荐。由于系统中使用了所有的数据，推荐会更合理，林登回忆道："在组里有句玩笑话，说的是如果系统运作良好，亚马逊应该只推荐你一本书，而这本书就是你将要买的下一本书。"现在，公司必须决定什么内容应该出现在网站上，是亚马逊内部书评家写的个人建议和评论，还是由机器生成的个性化推荐和畅销书排行榜？

林登做了一个关于评论家所创造的销售业绩和计算机生成内容所产生的销售业绩的对比测试，结果他发现两者之间相差甚远。他解释说，通过数据推荐产品所增加的销售远远超过书评家的贡献。计算机可能不知道为什么喜欢海明威作品的客户会购买菲茨杰拉德的书。但是这似乎并不重要，重要的是销量。最后，编辑们看到了销售额分析，亚马逊也不得不放弃每次的在线评论，最终，书评组被解散了。林登回忆说："书评团队被打败、被解散，我感到非常难过。但是，数据没有说谎，人工评论的成本是非常高的。"

如今，据说亚马逊销售额的三分之一都来自它的个性化推荐系统。有了它，亚马逊不仅使很多大型书店和音乐唱片商店歇业，而且当地数百个自认为有自己风格的书商也难免受转型之风的影响。

了解人们为什么对这些信息感兴趣可能是有用的，但这个问题目前并不是很重要。但是，知道"是什么"可以创造点击率，这种洞察力足以重塑很多行业，不只是电子商务。所有行业中的销售人员早就被告知，他们需要了解是什么让客户做出了选择，要把握客户做决定背后的真正原因，因此专业技能和多年的经验受到高度重视。大数据却显示，还有另外一个在某些方面更有用的方法。亚马逊的推荐系统梳理出了有趣的相关关系，但不知道背后的原因——知道是什么就够了，没必要知道为什么。

第一节　大数据时代的大挑战

尽管大数据带来了很多的好处，但我们依然有担忧的理由。因为随着大数据能够越来越精确地预测世界的事情以及我们所处的位置，我们可能还没有准备好接受它对我们的隐私和决策过程带来的影响。我们的认知和制度都还不习惯这样一个数据充裕的时代，因为它们都建立在数据稀缺的基础之上。后续，我们还将探讨大数据所带来的不良影响。企业在大数据时代，面临文化、战略、组织、流程、信息化、公共关系、人才培养等方方面面的挑战，同时也迎来重大的转型机遇和飞跃契机。

一、大数据促使商业领域重新洗牌

大数据正在开启一次重大的时代转型，波及生活、工作与思维的方方面面。下面来看一个关于大数据改变商业领域的例子——购买飞机票。

2003 年，奥伦·埃齐奥尼（Oren Etzioni）准备乘坐从西雅图到洛杉矶的飞机去参加弟弟的婚礼。他知道飞机票越早预订越便宜，于是他在大喜日子来临之前的几个月，就在网上预订了一张去洛杉矶的机票。在飞机上，埃齐奥尼好奇地问邻座的乘客花了多少钱购买机票。当得知虽然那个人的机票比他买得更晚，但是票价却比他便宜得多时，他感到非常气愤。于是，他又询问了另外几个乘客，结果发现大家买的机票居然都比他的便宜。

对大多数人来说，这种被敲竹杠的感觉也许会随着他们走下飞机而消失。然而，埃齐奥尼是美国最有名的计算机专家之一，从他担任华盛顿大学人工智能项目的负责人开始，创立了许多在今天看来非常典型的大数据公司，而那时候还没有人提出大数据这个概念。

1994 年，埃齐奥尼帮助创建了最早的互联网搜索引擎元爬虫（Meta Crawler），该引擎后来被 Info Space 公司收购。他联合创立了第一个大型比价网站 Netbot，后来把该网站卖给了 Excite 公司。他创立的从文本中挖掘信息的公司 Clear Forest 则被路透社收购了。在埃齐奥尼眼中，就是一系列的大数据问题，而且他认为自己有能力解决这些问题。作为哈佛大学首届计算机科学专业的本科毕业生，自 1986 年毕业以来，他也一直致力于解决这些问题。

飞机着陆之后，埃齐奥尼下定决心要帮助人们开发一个系统，用来推测当前网页上的机票价格是否合理。作为一种商品，同一架飞机上每个座位的价格本来不应该有差别。但实际上，价格却千差万别，其中缘由只有航空公司自己清楚。

埃齐奥尼表示，他不需要去解开机票价格差异的奥秘。他要做的仅仅是预测当前的机票价格在未来一段时间内会上涨还是下降。这个想法是可行的，但操作起来并不是那么简单。这个系统需要分析所有特定航线机票的销售价格并确定票价与提前购买天数的关系。

如果一张机票的平均价格呈下降趋势，系统就会帮助用户做出稍后再购票的明智选择。反过来，如果一张机票的平均价格呈上涨趋势，系统就会提醒用户立刻购买该机票。换言之，这是埃齐奥尼针对 9 000 m 高空开发的一个加强版的信息预测系统。这确实是一个浩大的计算机科学项目。不过，这个项目是可行的。于是，埃齐奥尼开始着手启动这个项目。

埃齐奥尼创立了一个预测系统，它帮助虚拟的乘客节省了很多钱。这个预测系统建立在 41 天之内的 12 000 个价格样本基础之上，而这些数据都是从一个旅游网站上抓取过来的。这个预测系统并不能说明原因，只能推测会发生什么。也就是说，它不知道是哪些因素导致了机票价格的波动。机票降价是因为有很多没卖掉的座位、季节性原因，还是所谓的"周六晚上不出门"，它都不知道。这个系统只知道利用其他航班的数据来预测未来机票价格的走势。"买还是不买，这是一个问题。"埃齐奥尼沉思着。他给这个研究项目取了一个非常贴切的名字，叫"哈姆雷特"。

这个小项目逐渐发展成为一家得到了风险投资基金支持的科技创业公司，名为 Farecast。通过预测机票价格的走势以及增降幅度，Farecast 票价预测工具能帮助消费者抓住最佳购买时机，而在此之前还没有其他网站能让消费者获得这些信息。

这个系统为了保障自身的透明度，会把对机票价格走势预测的可信度标示出来，供消费者参考。系统的运转需要海量数据的支持。为了提高预测的准确性，埃齐奥尼找到了一个行业机票预订数据库。而系统的预测结果是根据美国商业航空产业中，每一条航线上每一架飞机内的每一个座位一年内的综合票价纪录而得出的。如今，Farecast 公司已经拥有惊人的约 2 000 亿条飞行数据记录。利用这种方法，Farecast 公司为消费者节省了一大笔钱。

棕色的头发，露齿的笑容，无邪的面孔，这就是埃齐奥尼。他看上去完全不像是一个会让航空业损失数百万潜在收入的人。但事实上，他的目光放得更长远。2008 年，埃齐奥尼计划将这项技术应用到其他领域，如宾馆预订、二手车购买等。只要这些领域的产品差异不大，同时存在大幅度的价格差和大量可运用的数据，就都可以应用这项技术，但是在他实现计划之前，微软公司找到他并以 1.1 亿美元的价格收购了 Farecast 公司。而后，这个系统被并入必应搜索引擎。

截至 2012 年，Farecast 系统用了将近十万亿条价格记录来帮助预测美国国内航班的票价。Farecast 系统票价预测的准确度已经高达 75%，使用 Farecast 票价预测工具购买机票的旅客，平均每张机票可节省 50 美元。

Farecast 是大数据公司的一个缩影，也代表了当今世界发展的趋势。五年或者十年之前，埃齐奥尼是无法成立这样的公司的。他说："这是不可能的。"那时候他所需要的计算机处理能力和存储能力太昂贵了。虽说技术上的突破是这一切得以发生的主要原因，但也有一些细微而重要的改变正在发生，特别是人们关于如何使用数据的理念。

二、三足鼎立的大数据公司

根据所提供价值的不同来源（数据本身、技能与思维），分别出现了三种大数据公司：大数据掌控公司、大数据技术公司、大数据思维公司和个人。

（一）大数据掌控公司

大数据最有价值的部分就是它自身，所以最先考虑数据拥有者才是明智的。他们可能不是第一手收集数据的人，但是他们能接触到数据、有权使用数据或者将数据授权给渴望挖掘数据价值的人。

1. ITA 软件与数据授权

四大机票预订系统之一的 ITA 软件就为 Farecast 提供预测机票价格所需要的数据，而它自身并不进行这种数据分析。为什么呢？因为商业定位不一样，毕竟出售机票已经很不容易了，所以 ITA 并不考虑这些数据的额外利用。因此，两家公司的核心竞争力也会不同。当然，还有就是 ITA 并没有这种创新想法，如果它能像 Farecast 一样利用数据，那么就需要向埃齐奥尼购买专利使用权了。

当然，ITA 在大数据价值链上所处的位置也决定了它不会这样去使用数据。"ITA 会尽量避免用任何数据来暴露航空公司的利润问题。"ITA 的创始人之一也是前技术总监卡尔·德马肯（Carl deMarcken）如是说。他还说，"ITA 能够得到这些数据而且必须拥有这些数据，因为它们是 ITA 在提供服务时必须具备的。"但是，ITA 有意与这些数据保持一定的距离，所以自己不使用而是授权别人使用。结果不难预见，ITA 只从 Farecast 那里分得了小小的一杯羹。Farecast 得到了数据大部分的间接价值，它把其中一部分价值以更便宜的机票的形式转移给了它的用户，而把这种价值带来的利润分给了它的股东以及员工。Farecast 通过广告、佣金，当然最后通过出售公司本身获取利润。

有的公司精明地把自己放在了这个信息链的核心，这样它们就能扩大规模、挖掘数据的价值。信用卡行业的情况就符合这一点。多年来，防范信用诈骗的高成本使得许多中小银行都不愿意发行自己的信用卡，而是由大型金融机构发行，因为只有它们才能大规模地投入人力、物力发展防范技术。美国第一资本金融银行和美国银行这样的大型金融机构就承担了这个工作。但是现在小银行后悔了，因为没有自己发行的信用卡，它们就无从得知客户的消费模式，也就不能为客户提供定制化服务。

2. VISA&Master Card 与商户推荐

相对地，像维萨（VISA）和万事达卡（Master Card）这样的信用卡发行商和其他大银行就站在了信息价值链最好的位置上。通过为小银行和商家提供服务，它们能够从自己的服务网获取更多的交易信息和顾客的消费信息。它们的商业模式从单纯的处理支付行为转变成了收集数据。接下来的问题就是如何使用收集到的数据。

就像 ITA 一样，万事达卡也可以把这些数据授权给第三方使用，但是它更倾向于自己分析、挖掘数据的价值。一个称为万事达卡顾问（Master Card Advisors）的部门收集和分析了来自 210 个国家的 15 亿信用卡用户的 650 亿条交易记录，用来预测商业发展和客户的消费趋势。然后，它把这些分析结果卖给其他公司。它发现，如果一个人在下午四点左右给汽车加油的话，他很可能在接下来的一个小时内要去购物或者去餐馆吃饭，而这一个小时的花费大概在 35 ～ 50 美元。商家可能正需要这样的信息，因为这样他们就能在这个时间段的加油小票背面附上加油站附近商店的优惠券。

处于这个数据链的中心，万事达卡占据了收集数据和挖掘数据价值的黄金位置。我们可以想象，未来的信用卡公司不会再对交易收取佣金，而是免费提供支付服务。作为回报，它们会获得更多的数据，而对这些数据进行复杂的分析之后，它们又可以卖掉分析结果以取得利润。

（二）大数据技术公司

第二种类型就是拥有技术和专业技能的公司。万事达卡选择了自己分析，有的公司选择在两个类型之间游移，但是还有一部分公司会选择发展专业技能。例如，埃森哲咨询公司就是与各行各业的公司合作应用高级无线感应技术来收集数据，然后对这些数据进行分析的。2005 年，在埃森哲与密苏里州圣路易斯市共同合作的一个实验项目中，它给 20 辆公交车安装了无线传感器来监测车辆引擎的工作情况。这些数据被用来预测公交车什么时候会抛锚以及维修的最佳时机。研究促使车辆更换零件的周期从 30 万 km 或者 40 万 km 变成了 50 万 km，仅这一项研究结果就帮助该城市节省了 60 万美元。在这里，获益的不是埃森哲，而是圣路易斯市。

在医学数据领域，我们可以看到一个关于技术公司如何能提供有效服务的很好的例子。位于华盛顿州的华盛顿中心医院与微软研究中心合作分析了多年来的匿名医疗记录，涉及患者人口统计资料，检查、诊断、治疗资料等。这项研究是为了减少感染率和再入院率，因为这两项所耗费的费用是医疗卫生领域最大的一部分，所以任何可以减少哪怕是很小比例的方法都意味着节省巨大的开支。

这项研究发现了很多惊人的相关关系：在一系列情况下，一个出院了的病人会在一个月之内再次入院。有一些情况是众所周知但还没有找到好的解决办法的。例如，一个患充血性心力衰竭的病人就很有可能再次入院，因为这是非常难医治的病。但是研究也发现了一个出人意料的重要因素，那就是病人的心理状况。如果对病人最初的诊断中有类似"压抑"这种暗示心理疾病的词的话，病人再度入院的可能性会大很多。

虽然这种相关关系对于建立特定的因果关系并无帮助，但是这表明，如果病人出院之后的医学干预是以解决病人的心理问题为重心的，可能会更有利于他们的身体健康。这样就可以提供更好的健康服务，降低再入院率和医疗成本。这个相关关系是机器从一大堆数据中筛选出来的，也是人类可能永远都发现不了的。微软不控制数据，这些数据只属于医院；微软没有出彩的想法，这并不是这里需要的东西，相反，微软只是提供了分析工具，也就是 Amalga 系统，来帮助发现有价值的信息。

大数据拥有者依靠技术专家来挖掘数据的价值。但是，虽然受到了高度的赞扬，而同时拥有"数据武士"这样时髦的名字，但技术专家并没有想象中那么耀眼。他们在大数据中淘金，发现了金银珠宝，可是最后却要把这些财富拱手让给了大数据拥有者。

（三）大数据思维公司和个人

第三种类型是有着大数据思维的公司和个人。他们的优势在于，他们能先人一步发现机遇，尽管他们本身并不拥有数据也不具备专业技能。事实上，很可能正因为他们是外行人，不具备这些特点，他们的思维才能不受限制。他们思考的只有可能，而不考虑所谓的问题。

布拉德福德·克罗斯（Bradford Cross）用拟人手法解释了什么是有大数据思维。2009年 8 月，也就是在他 20 多岁的时候，他和四个朋友一起创办了 Flight Caster 网站。和 FlyOnTime.us 类似，这个网站致力于预测航班是否会晚点。它主要基于分析过去十年里每个航班的情况，然后将其与过去和现实的天气情况进行匹配。

有趣的是，数据拥有者就做不到这样的事情。因为数据拥有者没有这样使用数据的动机和强制要求。事实上，如果美国运输统计局、美国联邦航空局和美国天气服务这些数据拥有者将航班晚点预测用作商业用途的话，国会可能就会举办听证会并否决这个提议。所以使用数据的任务就落到了一群不羁的数学才子身上。同样，航空公司不可以这么做，也不会这么做，因为这些数据所表达的信息越隐蔽对它们就越有利。Flight Caster 的预则是如此的准确，就连航空公司的职员也开始使用它了。但是需要注意的是，虽然航空公司是信息的源头，但是不到最后一秒它是不会公布航班晚点的，所以它的信息是不及时的。

因为有着大数据思维，克罗斯和他的 Flight Caster 是第一个行动起来的，但也没比别人快多少。所谓大数据思维，是指一种意识，认为公开的数据一旦处理得当就能为千百行人急需解决的问题提供答案。2009 年 8 月，Flight Caster 公开发布。同一个月，Fly On Time.us 的计算机专家们也开始搜刮公开的数据建立他们的网站。最终，Flight Caster 的优势慢慢地减弱了。2011 年 1 月，克罗斯和他的同伴把网站卖给了 Next Jump，这是一个使用大数据技术进行企业折扣管理的公司。

之后，克罗斯把他的目光转向了另外一个夕阳行业——新闻行业。他发现，这里是个创新型的外行人可以大有作为的宝地。他的科技创新公司 Prismatic 收集网上资源并排序，这种排序建立在文本分析、用户喜好、社交网络普及和大数据分析的基础之上。重要的是，这个系统并不介意这是一个青少年的博客、一个企业网站还是《华盛顿邮报》上的一篇报道，只要它的内容相关并且很受欢迎就能排在很靠前的位置。而关于是否受欢迎，是通过它的点击率和分享次数来体现的。

作为一项服务，Prismatic 关注的是年青一代与媒体进行交流的新方法，信息的来源并不重要。同时，这也给那些自视过高的主流媒体提了一个醒：公众的力量要远远超过它们，而西装革履的记者们也需要与一群不修边幅的博主进行竞争。也许最令人无法想象的是，Prismatic 居然是从新闻领域内部诞生出来的，虽然它确实收集了大量的数据。美国国家记者俱乐部（National Press Club）的常客从来没有想过要再利用网上的媒体资源，阿蒙克、纽约和班加罗尔的分析专家们也没有想过要用这种方法来使用数据。克罗斯顶着一头蓬松的头发，说话吞吞吐吐，可就是这样一个不起眼的外行人，想到了也做到了，他使用这些数据来告诉世界什么是比《纽约时报》更有用的信息来源。

大数据思维这个概念以及一个拥有创新思维的人的地位，与 20 世纪 90 年代电子商务初期出现的情况是不一样的。电子商务先驱者们的思想没有被传统行业的固有思维和制度缺陷限制，因此，在对冲基金工作的金融工程师贝佐斯创建了网上书店亚马逊而不是巴诺书店；软件开发工程师皮埃尔·奥米迪亚（Pierre Omidyar）开发了一个拍卖网站而不是苏富比（Sotheby's）。如今，拥有大数据思维的领导者通常自己并不拥有数据资源。但就是因为这样，他们不会受既得利益和金钱欲望这样的因素影响而阻碍自己的想法实践。

就像我们看到的，也有公司集合了大数据的多数特点。埃齐奥尼和克罗斯不仅比别人早一步有了这些决胜的思想，他们也有技术优势。天睿（Teradata）和埃森哲的员工不仅规规矩矩地打卡上班，还时不时会有些机灵的点子。这些原型都有助于我们认识不同公司所承担的角色。

拥有海量数据的公司应该将数据授权给有能力挖掘出数据价值的人。推特一早就决定把它所掌握的海量数据授权给两家公司。如今的大数据先驱者们通常都有着交叉学科背景，他们会将这些知识与自己所掌握的数据技术相结合，应用于广泛的领域之中。新一代的天使投资人和企业家正在诞生，他们主要是来自谷歌已经离职的员工和所谓的 Paypal 黑手党（即 Paypal 公司的前领导人）。他们与少量的计算机科学家一起充当了当今许多数据科技公司的最大靠山。这种将企业和个人置于大数据价值链中的创新性想法促使我们重新审视公司的存在价值。例如，Salesforce 不再是一个单纯为企业提供应用软件的平台，它还能挖掘这些软件所收集到的数据并且释放出它们的巨大价值。

三、加速成长的大数据中间商

现今，我们正处在大数据时代的早期，思维和技能是最有价值的，但是最终，大部分的价值还是必须从数据本身挖掘。因为在未来，我们可以利用数据做更多的事情，而数据拥有者们也会真正意识到他们所拥有的财富。因此，他们可能会把自己手中所拥有的数据抓得更紧，也会以更高的价格将其出售。

然而，如果数据拥有者做长远打算的话，则有一个小问题值得关注，那就是在某些情况下会出现数据中间商，他们会从各种地方搜集数据进行整合，然后再提取有用的信息进行利用。数据拥有者可以让中间商充当这样的角色，因为有些数据的价值只能通过中间商来挖掘。

总部位于西雅图的交通数据处理公司 Inrix 就是一个很好的数据中间商的例子。它汇集了来自美洲和欧洲近 1 亿辆汽车的实时交通数据。这些数据来自宝马、福特、丰田等私家车，还有一些商用车，如出租车和货车。私家车主的移动电话也是数据的来源。这也解释了为什么 Inrix 要建立一个免费的智能手机应用程序，因为一方面它可以为用户提供免费的交通信息，另一方面它自己就得到了同步的数据。Inrix 通过把这些数据与历史交通数据进行比对，再考虑进天气和其他诸如当地时事等信息来预测交通状况。数据软件分析出的结果会被同步到汽车卫星导航系统中，政府部门和商用车队都会使用它。

Inrix 是典型的独立运作的大数据中间商。它汇聚了来自很多汽车制造商的数据，这些数据能产生的价值要远远超过它们被单独利用时的价值。每个汽车制造商可能都会利用他们的车辆在行驶过程中产生的成千上万条数据来预测交通状况，这种预测不是很准确也并不全面。但是随着数据量的激增，预测结果会越来越准确。同样，这些汽车制造商并不一定掌握了分析数据的技能，他们的强项是造车，而不是分析泊松分布。所以他们都愿意让第三方来做这个预测的事情。另外，虽然交通状况分析对驾驶员来说非常重要，但是这几乎不会影响到一个人是否会购车。所以，这些同行业的竞争者们并不介意通过行业外的中间商汇聚他们手里的数据。

当然，很多行业已经有过信息共享了，比较著名的有保险商实验室，还有一些已经联网了的行业，如银行业、能源和通信行业。在这些行业里，信息交流是避免问题的最重要的一环，监管部门也要求它们信息互通。市场研究公司把几十年来的数据都汇集在一起，就像一些专门负责审计报刊发行量的公司一样。这是一些行业联盟组织的主要职责。

如今不同的是，数据开始进入市场了。数据不再是单纯意义上的数据，被挖掘出了新的价值。例如，Inrix 收集的交通状况数据信息会比表面看上去有用得多，这些数据被用来评测一个地方的经济情况，也可以提供关于失业率、零售额、业余活动的信息。2011 年，美国经济复苏开始放缓，虽然政客们强烈否定，但是这个信息还是被交通状况分析给披露了出来。Inrix 的分析发现，上下班高峰时期的交通状况变好了，这也就说明失业率增加了，经济状况变差了。同时，Inrix 把它收集到的数据卖给了一个投资基金，这个投资基金把交通情况视作一个大型零售商场销量的代表，一旦附近车辆很多，就说明商场的销量会增加。在商场的季度财政报表公布之前，这项基金还利用这些数据分析结果换得了商场的一部分股份。

大数据价值链上还出现了很多这样的中间商。比较早期的一个就是 Hitwise，现在它已经被益百利收购了。Hitwise 与一些互联网服务公司合作，它支付给这些公司一些费用以使用它们的数据。这些数据只是以一个固定的低价授权给 Hitwise，而不是按它所得利润的比例抽成。这样一来，Hitwise 作为中间商就得到了大部分的利润。另一个中间商的例子就是 Quantcast，它通过帮助网站记录用户的网页浏览历史来测评用户的年龄、收入、喜好等个人信息，然后向用户发送有针对性的定向广告。它提供了一个在线系统，网站通过这个系统就能记录用户的浏览情况，而 Quantcast 就能得到这些数据来帮助自己提高定向广告的效率。

这些中间商在这个价值链中站在了一个收益丰厚的位置上，但是他们并没有威胁到为他们提供数据的数据拥有者的利润。现在，广告业是一个高利润行业，因为大部分的数据都藏身于此，而社会各行各业都急切地需要通过挖掘这些数据进行定向广告。随着越来越多的事情被数据化，越来越多的行业意识到它们与数据有交流，这些独立的数据中间商也会在别处出现。

有时，这些中间商不一定是商业性质的组织，也可能是非营利性的，如 2011 年由美国几个最大的医疗保险公司联合创立的卫生保健成本协会（Health Care Cost Institute），该协会的数据汇集了来自 3 300 万人的 50 亿份保单，当然这都是匿名的。数据共享之后，这些公司可以看到在一个较小的独立数据库里看不到的信息。不久，这个超大型数据库就有了第一个重大发现，那就是美国的医疗花费比通货膨胀率的增长速度快 3 倍之多。但是在各个细微方面的情况就各有不同了，其中急诊室治疗费用上涨了 11%，而护理设施的价格实际上是下跌了的。显然，医疗保险公司是不可能把它的价格数据给非营利性机构之外的任何组织的。该协会的动机更明确，运行更透明化且更富有责任心。

大数据公司的多样性表明了数据价值的转移。在 Decide 的案例中，产品价格和新产品的发布数据都是由合作的网站提供的，然后合作双方共同分享利润。Decide 通过人们在这些网站购买产品而赚取佣金，同时提供这些数据的公司也取得了部分利润。相比 ITA 提供给 Farecast 的数据不抽取佣金而只是收取基本授权费用的情况，这说明了这个行业的逐渐成熟——如今数据提供者会更占优势。不难想象，埃齐奥尼的下一个科技公司应该就会自己收集数据了，因为数据的价值已经从技术转移到了数据自身和大数据思维上。

随着数据价值转移到数据拥有者手上，传统的商业模式也被颠覆了。与供货商进行知识产权交易的欧洲汽车制造商就拥有一个非常专业的数据分析团队，但是还需要一个科技公司来替它挖掘数据的价值。这个科技公司肯定是可以得到报酬的，但是大头还是被这个汽车制造商赚走了。不过，这个科技公司发现了商机，于是它改变了商业模式——为客户承担一定的风险，因为有风险就有回报。而且，它用部分报酬换取了一部分的分析结果，因为这个分析结果是可以循环使用的。例如，对于汽车配件供应商来说，未来肯定都想为其产品加上测试仪或者把提供产品评估数据写进销售合同的标准条款中，这样他们就能随时改进产品的质量了。

对于中间商来说，公司之间不愿意进行数据共享的问题会让他们感到很头疼。例如，Inrix 就不再只收集关于地理位置的数据了。2012 年，它就关于车辆的自动制动系统何时何地会生效进行了分析，因为有一家汽车制造商用它的遥感勘测系统实时地收集了这些数据。Inrix 认为如果车辆的自动制动系统在某段路上经常启动，就说明这段路比较危险，应该考虑更换路径。所以 Inrix 不仅能够推荐最便捷的路径，而且可以推荐最安全的路径。

但是这个制造商并不想和别人分享这些数据，也不愿分享它的全球定位系统收集到的数据。相反，这个制造商要求 Inrix 只能在它生产的车上安装这个系统。在制造商看来，公开这些数据似乎比汇聚众人的数据一起来提高系统的整体精确性更有价值。但即便如此，Inrix 仍相信，到最后所有的汽车制造商都会意识到数据共享的好处。Inrix 有一种强烈的乐观精神：作为一个数据中间商，它的运行完全依靠多种多样的数据来源。

大数据时代中的公司正在体验着不同的商业模式。作为中间商的 Inrix 把它的工作重心放在了设计上，这与众多科技创业公司的商业模式不同。微软掌握着技术的核心专利，但却认为，一个独立的小公司可能更容易被接受，更有利于汇聚行业内各方的数据并从知识产权中获利最大。还有，微软用来分析病患再入住率的 Amalga 系统曾经就是华盛顿中心医院自己的内部急症室软件 Azyxxi，这是医院在 2006 年卖给微软公司的，因为考虑到微软更有能力把这个软件做好和挖掘出这些数据的潜在价值。

UPS 在 2010 年就把它的 UPS 物流技术部门卖给了一家叫索马布拉沃（Thoma Bravo）的私人股本公司。如今，它已经变成了路网技术（Roadnet Technologies），可以为多家公司进行线路分析。路网从客户手中收集大量数据，同时为 UPS 和它的竞争者提供行业内广受认可的标杆性服务。路网的首席执行官兰·肯尼迪（Len Kennedy）解释说："如果是 UPS 物流，那么 UPS 的竞争对手肯定不会交出它们的数据，因此，只有让它变成一个独立的公司，UPS 的竞争对手才会愿意拿出它们的数据。"最终，每个公司都从中受益 1%，因为数据汇集之后，系统的精确性更高了。

认为数据自身而不是技术和思维更值钱的想法，在大数据时代的多笔商业交易中都有所体现。2006 年，微软以 1.1 亿美元的价格购买了埃齐奥尼的大数据公司 Farecast。而两年后，谷歌以 7 亿美元的价格购买了为 Farecast 提供数据的 ITA 软件公司。

四、大数据给个人隐私带来威胁

2006 年 8 月，美国在线（AOL）公布了大量的旧搜索查询数据，本意是希望研究人员能够从中得出有趣的见解。这个数据库是由从 3 月 1 日到 5 月 31 日之间的 65.7 万用户的 2 000 万条搜索查询记录组成的，整个数据库进行过精心的匿名化——用户名称和地址等个人信息都使用特殊的数字符号进行了代替。这样，研究人员可以把同一个人的所有搜索记录联系在一起来分析，而并不包含任何个人信息。尽管如此，《纽约时报》还是在几天之内，通过把"60 岁的单身男性""有益健康的茶叶""利尔本的园丁"等搜索记录综合分析考虑后，发现数据库中的 4 417 749 号代表的是佐治亚州利尔本的一个 62 岁寡妇塞尔玛·阿诺德（Thelma Arnold）。当记者找到她家的时候，这个老人惊叹道："天哪！我真没想到一直有人在监视我的私人生活。"这引起了公愤，最终美国在线的首席技术官和另外两名员工都被开除了。

事隔仅仅两个月之后，也就是 2006 年 10 月，DVD 租赁商奈飞公司做了一件差不多的事，宣布启动"Netflix Prize"算法竞赛。该公司公布了大约来自 50 万用户的一亿条租赁记录，并且公开悬赏 100 万美金，举办一场软件设计大赛来提高他们的电影推荐系统的准确度，获胜的条件是把准确度提高 10%。同样，奈飞公司也对数据进行了精心的匿名化处理，然而还是被一个用户认出来了，一名母亲起诉了奈飞公司。

通过把奈飞公司的数据与其他公共数据进行对比分析，得克萨斯大学的研究人员很快发现，匿名用户进行的收视率排名与互联网电影数据库（Internet Movie Data Base，IMDB）上实名用户所排的是匹配的。

在美国在线的案例中，用户被搜索的内容出卖了；而奈飞公司的情况则是因为不同来源数据的结合暴露了用户的身份。这两种情况的出现，都是因为公司没有意识到匿名化对大数据的无效性。而出现这种无效性则是由两个因素引起的：一是我们收集到的数据越来越多，二是我们会结合越来越多不同来源的数据。

科罗拉多大学的法学教授保罗·欧姆（Paul Ohm），同时也是研究反匿名化危害的专家，他认为针对大数据的反匿名化现在还没有很好的办法。毕竟，只要有足够的数据，那么无论如何都做不到完全的匿名化。更糟的是，最近的研究表明，不只是传统数据容易受到反匿名化的影响，人们的社交关系图也就是人们的相互联系也将同受其害。

五、大数据分析的不可靠性

大数据大大地威胁到了我们的隐私和自由，这都是大数据带来的新威胁。但是与此同时，它也加剧了一个旧威胁：过于依赖数据，而数据远远没有我们所想的那么可靠。要揭示大数据分析的不可靠性，恐怕没有比罗伯特·麦克纳马拉（Robert Strange McNamara）的例子更贴切的了。

　　麦克纳马拉是一个执迷于数据的人。20 世纪 60 年代早期，在越南局势变得紧张的时候，他被任命为美国国防部部长。任何事情，只要可以，他都会执意得到数据。他认为，只有运用严谨的统计数据，决策者才能真正理解复杂的事态并做出正确的决定。他眼中的世界就是一堆桀骜不驯的信息的总和，一旦划定、命名、区分和量化之后，就能被人类驯服并加以利用。麦克纳马拉追求真理，而数据恰好能揭示真理。他所掌握的数据中有一份就是"死亡名单"。

　　麦克纳马拉对数字的执迷从年轻的时候就开始了，当时他还是哈佛商学院的学生，后来，他以 24 岁的年纪成了最年轻的副教授。第二次世界大战期间，他把这种严密的数字意识运用到了工作之中，当时他是五角大楼里被称为"统计控制队"中的一名精英，这个队伍让世界权力的中心人物都开始依靠数据进行决策。在这之前，部队人员一直很盲目，如不知道飞机备用零件的种类、数量和放置位置。1943 年"统计控制队"制作的综合清单为部队节省了 36 亿美元。现代战争需要资源的合理分配，"统计控制队"所做的非常了不起。

　　战争结束的时候，"统计控制队"决定通力合作拯救濒临倒闭的福特汽车公司。亨利·福特二世（Henry Ford II）绝望地交出了自己的控制权。就像他们投入战争的时候完全不懂军事一样，这一次，他们也不关心如何制作汽车。但是奇妙的是，这群精明小子居然救活了福特公司。

　　麦克纳马拉对数据的执迷程度迅速升温，开始凡事都考虑数据集。工厂经理迅速地生成麦克纳马拉所要求的数字，不管对错。他规定只有在旧车型的所有零件的存货用完之后才能生产新车型，愤怒的生产线经理们一股脑将剩余的零件全部倒进了附近的河里。当前线员工把数据返回的时候，总部的高管们都满意地点了点头，因为规定执行得很到位。但是工厂里盛行一个笑话，说河面上可以走人了，因为河里有很多 1950 年或者 1951 年生产的车型的零件，在河面上走就是在生锈的零件上走。

　　麦克纳马拉是典型的 20 世纪经理人——完全依赖数字而非感情的理智型高管，他可以把他的数控理论运用到任何领域。1960 年，他被任命为福特汽车公司的总裁，在位只有几周，他就被肯尼迪总统任命为美国国防部部长。

　　随着越南战争升级和美军加派部队，这变成了一场意志之战而非领土之争。美军的策略是逼迫越共走上谈判桌。于是，评判战争进度的方法就是看对方的"死亡人数"。每天报纸都会公布"死亡人数"。支持战争的人把这作为战争胜利的标志，反战的人把它作为道德沦丧的证据。"死亡人数"代表了一个时代的数据集。

　　1977 年，一架直升机从西贡的美国大使馆屋顶上撤离了最后一批美国公民。两年之后，一位退休的将军道格拉斯·金纳德（Douglas Kinnard）发表了《战争管理者》（*The War Managers*）。这是一个关于将军们对越战看法的里程碑式的调查，它揭露了量化的困境。只有 2% 的美国将军们认为用死亡人数衡量战争成果是有意义的，而三分之二的人认为大部分情况下数据都被夸大了。一个将军评论称，"那都是假的，完全没有意义"；另一个说道，"公开撒谎"；还有一个将军则认为是像麦克纳马拉这样的人表现出了对数据的极大热忱，导致很多部门一层一层地将数字扩大化了。

就像福特的员工将零件投入河中一样，下级军官为了达成命令或者升官，会汇报可观的数字给他们的上级，只要那是他们的上级希望听到的数字。麦克纳马拉和他身边的人都依赖并且执迷于数据，他认为只有通过电子表格上有序的行、列、计算和图表才能真正了解战场上发生了什么。他认为掌握了数据，也就进一步接近了真理。

美国军方在越南战争时对数据的使用、滥用和误用给我们提了一个醒，在由小数据时代向大数据时代转变的过程中，我们对信息的一些局限性必须给予高度的重视。数据的质量可能会很差；可能是不客观的；可能存在分析错误或者具有误导性；更糟糕的是，数据可能根本达不到量化它的目的。

我们比想象中更容易受到数据的统治——让数据以良莠参半的方式统治我们。其威胁就是，我们可能会完全受限于分析结果，即使这个结果理应受到质疑。或者说，我们会形成一种对数据的执迷，因而仅仅为了收集数据而收集数据，或者赋予数据根本无权得到的信任。

随着越来越多的事物被数据化，决策者和商人所做的第一件事就是得到更多的数据。

"我们相信上帝，除了上帝，其他任何人都必须用数据说话。"这是现代经理人的信仰，也回响在硅谷的办公室、工厂和市政厅的门廊里。善加利用，这是极好的事情，但是一旦出现不合理利用，后果将不堪设想。

教育似乎在走下坡路？用标准化测试来检验学生的表现和评定对教师或学校的奖惩是不合理的。考试是否能全面展示一个学生的能力？是否能有效检测教学质量？是否能反映出一个有创造力、适应能力强的现代师资队伍所需要的品质？这些都饱受争议，但是，数据不会承认这些问题的存在。

如何防止恐怖主义？创造一层层的禁飞名单、阻止任何与恐怖主义有关的个人搭乘飞机，这真的有用吗？回答是：值得怀疑。想想那件非常出名的事情，马萨诸塞州参议员特德·肯尼迪（Ted Kennedy）不就因为仅仅与该数据库中的一个人名字相同而被诱捕、拘留并且调查了吗。

与数据为伴的人可以用一句话来概括这些问题，"错误的前提导致错误的结论"。有时候，是因为用来分析的数据质量不佳；但在大部分情况下，是因为我们误用了数据分析结果。大数据要么会让这些问题高频出现，要么会加剧这些问题导致的不良后果。

我们已列举过很多关于谷歌的例子，明白它的一切运作都是建立在数据基础之上的。很明显，谷歌大部分的成功都是数据造就的，但是其偶尔也会因为数据而栽跟头。

谷歌公司的创始人拉里·佩奇（Larry Page）和谢尔盖·布林（Sergey Brin）一直强调要得到每个应聘者申请大学时的学术能力评估测试（Scholastic Assessment Test，SAT）成绩以及大学毕业时的平均绩点。他们认为，前者能彰显潜能，后者则展现成就。因此，当40多岁、成绩斐然的经理人在应聘时被问到大学成绩的时候，就完全无法理解这种要求。尽管公司内部研究早就表明，工作表现和这些分数根本没有关系，谷歌依然冥顽不化。

谷歌本应该懂得抵制数据的独裁。考试结果可能一生都不会改变，但是它并不能测试出一个人的知识深度，也展示不出一个人的人文素养，因为学习技能之外，科学和工程知识才是更适合考量的。

谷歌对数据的依赖有时太夸张了。玛丽莎•梅耶尔（Marissa Mayer）曾任谷歌高管职位，居然要求员工测试 41 种蓝色的阴影效果中，哪种被人们使用最频繁，从而决定网页工具栏的颜色。

谷歌的数据独裁就是这样达到了顶峰，同时也激起了反抗。2009 年，谷歌首席设计师道格•鲍曼（Doug Bowman）因为受不了随时随地的量化，愤然离职。"最近，我们竟然争辩边框是用 3、4 还是 5 倍像素，我居然被要求证明我的选择的正确性。天哪！我没办法在这样的环境中工作，"她离职后在博客上面大发牢骚，"谷歌完全是工程师的天下，所以只会用工程师的观点解决问题——把所有决策简化成一个逻辑问题。数据成了一切决策的主宰，束缚住了整个公司。"

其实，卓越的才华并不依赖于数据。史蒂夫•乔布斯（Steve Jobs）多年来持续不断地改善 Mac 笔记本，依赖的可能是行业分析，但是他发行的 iPod、iPhone 和 iPad 靠的就不是数据，而是直觉——他依赖于他的第六感。当记者问及乔布斯苹果推出 iPad 之前做了多少市场调研时，他那个著名的回答是这样的："没做！消费者没义务来了解自己想要什么。"

詹姆斯•斯科特（James Scott）教授是耶鲁大学政治学和人类学教授，他在《国家的视角》（Seeing Like a State）一书中记录了政府如何因为它们对量化和数据的盲目崇尚而陷人民的生活于水深火热之中。它们使用地图来确定社区重建，却完全不知道其中民众的生活状态；它们使用大量的农收数据来决定采取集体农庄的方式，但是它们完全不懂农业；它们把所有人们一直以来用之交流的不健全和系统的方式按照自己的需求进行改造，只是为了满足可量化规则的需要。在斯科特看来，大数据使用成了权力的武器。

这是数据独裁放大了的写照。同样，也是这种自大导致美国基于"死亡人数"而不是更理智的衡量标准来扩大越南战争的规模。1976 年，在与日俱增的国内压力下，麦克纳马拉在一次演讲中说道，"事实上，真的不是每一个复杂的人类情况都能简化为曲线图上的线条、图表上的百分点或者资产负债表上的数字。但是如果不对可量化的事物进行量化，我们就会失去全面了解该事物的机会。"只要得到了合理的利用，而不单纯只是为了数据而数据，大数据就会变成强大的武器。

20 世纪 70 年代，麦克纳马拉一直担任世界银行行长。20 世纪 80 年代，他俨然变成了和平的象征。他为反核武器和环境保护摇旗呐喊。然后，经历了一次思想的转变并且出版了一本回忆录《回顾：越战的悲剧与教训》，书中批判了战争的错误指导思想并承认了他当年的行为"非常错误"，他写道，"我们错了，大错特错！"但书中还是只承认了战争的整体策略的错误，并未具体流露出对数据和"死亡人数"饱含感情的忏悔。他承认统计数据具有"误导或者迷惑性""但是对于你能计算的事情，你应该计算；死亡数就属于应该计算的……"2009 年，享年 93 岁的麦克纳马拉去世，他被认为是一个聪明却并不睿智的人。

大数据诱使我们犯下麦克纳马拉所犯的罪行，也让我们盲目信任数据的力量和潜能而忽略了它的局限性。把大数据等同于"死亡人数"，我们只要想想谷歌在 2008 年推出的流感传播预警系统——谷歌流感趋势。设想一下致命的流感正肆虐全国，而这并不是完全不可能出现的；医学专家们会非常感激通过检索词条，能够实时预测流感重灾地，他们也就能及时去到最需要他们的地方。

但是在危急时刻，政府领导可能认为只知道哪里流感疫情最严重还远远不够。如果试图抑制流感的传播，就需要更多的数据。所以他们呼吁大规模的隔离，当然不是说隔离这个地区的所有人，这样既无必要也太费事。大数据能给我们更精确的信息，所以只需隔离搜索了和流感有最直接关系的人。如此，有了需要隔离的人的数据，联邦特工只需通过 IP 地址和移动 GPS 提供的数据，找出该用户并送入隔离中心即可。

我们可能觉得，这种做法很合理，但是事实上，这是完全错误的。相关性并不意味着有因果关系。通过这种方式找出的人，可能根本就没有感染流感。他们只是被预测所害，更重要的是，他们成了夸大数据作用同时又没有领会数据真谛的人的替罪羊。谷歌流感趋势的核心思想是这些检索词条和流感爆发相关，但是这也可能只是医疗护工在办公室听到有人打喷嚏，然后上网查询如何防止自身感染，而不是因为他们自己真的生病了。

六、大数据引发管理规范变革

我们在生产和信息交流方式上的变革必然会引发自我管理所用规范的变革。同时，这些变革也会带动社会需要维护的核心价值观的转变。我们以印刷机的发明导致的信息洪流为例进行说明。

1450 年前后，古登堡发明了活字印刷机，在这之前，思想的传播受到了极大的限制。一方面，书籍大多被封禁在修道院的图书馆里，依照天主教精心制定的规定，被僧侣严格看守着，为的是确保并维护其统治地位。在教堂之外，少数几所大学也收藏了一些书籍，大概几百本的样子；15 世纪初，剑桥大学图书馆大概有 122 本大部头。另一方面，读写水平的欠缺也是当时信息传播受限的一个重要因素。

古登堡的印刷机让书籍和手册的大量刊印成为可能。马丁·路德（Martin Luther）把拉丁语版本的《圣经》翻译成日常使用的德文，让越来越多的人可以不通过牧师而直接聆听上帝的声音，德语版的《圣经》是当时卖得最好的书，这也让他更确信《圣经》可以印刷、分发给成千上万的人。就这样，信息传播越来越广泛。

这种巨变也使得创立新规范来管理活字印刷术所引发的信息爆炸的条件变得成熟。审查和许可条例被创立，用来规范和管理出版物。著作权法的制定为创作者带来了进行创作的法律和经济动力。随后，保护公民言论自由被写入了宪法。一如既往，权利伴随着责任产生了。当低俗的报纸践踏人们隐私权或诽谤其名誉时，法律规范就会出现，以保护人们的隐私权并允许他们对文字诽谤提出上诉。

可是，变革并不止于规范。这种管理规范上的改变也体现了当时更深层次的价值观转变。在古登堡时期，人类第一次意识到了文字的力量；最终，也意识到了信息广泛传播的重要性。几个世纪过去了，我们选择获取更多的信息而非更少，并且借助限制信息滥用的规范而不是最初的审查来防止其泛滥。

随着世界开始迈向大数据时代，社会也将经历类似的地壳运动。在改变我们许多基本的生活和思考方式的同时，大数据早已在推动我们去重新考虑最基本的准则，包括怎样鼓励其增长以及怎样遏制其潜在威胁。然而，不同于印刷革命，我们没有几个世纪的时间去慢慢适应，也许只有几年时间。

大数据时代，对原有规范的修修补补已经满足不了需要，也不足以抑制大数据带来的风险。我们需要全新的制度规范，而不是修改原有规范的适用范围。想要保护个人隐私就需要个人数据处理器对其政策和行为承担更多的责任。同时，我们必须重新定义公正的概念，以确保人类的行为自由（也相应地为这些行为承担责任）。新机构和专家们需要设计复杂的程序对大数据进行解读，挖掘出其潜在的价值和结论。他们也要向那些可能受害于大数据结论的人——因之被剥夺了工作、接受医疗或贷款权利的人提供支持。所以对已有的规范进行修修补补已经不够了，我们需要推陈出新。

第二节　转变之一：样本 = 总体

大数据时代的第一个转变，是要分析与某事物相关的所有数据，而不是依靠分析少量的数据样本。

很长时间以来，因为记录、储存和分析数据的工具不够好，为了让分析变得简单，人们会把数据量缩减到最少，依据少量数据进行分析，而准确分析大量数据一直都是一种挑战。如今，信息技术的条件已经有了非常大的提高，虽然人类可以处理的数据依然是有限的，但是可以处理的数据量已经大大地增加，而且未来会越来越多。

在某些方面，人们依然没有完全意识到自己拥有了能够收集和处理更大规模数据的能力，还是在信息匮乏的假设下做很多事情，假定自己只能收集到少量信息。这是一个自我实现的过程。人们甚至发展了一些使用尽可能少的信息的技术。例如，统计学的一个目的就是用尽可能少的数据来证实尽可能重大的发现。事实上，我们形成了一种习惯，那就是在制度、处理过程和激励机制中尽可能地减少数据的使用。

一、小数据时代的随机采样

数千年来，政府一直都试图通过收集信息来管理国民，只是到最近，小企业和个人才有可能拥有大规模收集和分类数据的能力，而此前，大规模的计数则是政府的事情。

以人口普查为例。据说古代埃及曾进行过人口普查，《旧约》和《新约》中对此都有所提及。那次由奥古斯都恺撒主导实施的人口普查，提出了"每个人都必须纳税"。

1086年的《末日审判书》对当时英国的人口、土地和财产做了一个前所未有的全面记载。皇家委员穿越整个国家对每个人、每件事都做了记载，后来这本书用《圣经》中的"末日审判书"命名，因为每个人的生活都被赤裸裸地记载下来的过程就像接受"最后的审判"一样。然而，人口普查是一项耗资且费时的事情，尽管如此，当时收集的信息也只是一个大概情况，实施人口普查的人也知道他们不可能准确记录下每个人的信息。实际上，"人口普查"这个词来源于拉丁语的"censere"，本意就是推测、估算。

300多年前，一个名叫约翰·格朗特（John Graunt）的英国缝纫用品商提出了一个很有新意的方法，来推算鼠疫时期伦敦的人口数，这种方法就是后来的统计学。这个方法不需要一个人一个人地计算。虽然这个方法比较粗糙，但采用此方法，人们可以利用少量有用的样本信息来获取人口的整体情况。虽然后来证实格朗特能够得出正确的数据仅仅是因为运气好，但在当时他的方法大受欢迎。样本分析法一直都有较大的漏洞，因此，无论是进行人口普查还是其他大数据类的任务，人们还是一直使用清点这种"野蛮"的方法。

考虑到人口普查的复杂性以及耗时耗费的特点，政府极少进行普查。古罗马在拥有数十万人口的时候每5年普查一次。美国宪法规定每十年进行一次人口普查，而随着国家人口越来越多，只能以百万计数。但是到19世纪为止，即使这样不频繁的人口普查依然很困难，因为数据变化的速度超过了人口普查局统计分析的能力。

中国的人口调查有近四千年的历史，留下了丰富的人口史料。但是，在封建制度下，历代政府多数都是为了征税、抽丁等才进行人口调查，因而隐瞒匿报人口的现象十分严重，调查统计的口径也很不一致。具有近代意义的人口普查，在1949年以前有过两次：①清宣统元年（1909年）进行的人口清查；②1928年国民政府试行的全国人口调查。前者多数省仅调查户数而无人口数，推算出当时中国人口约为3.7亿人，包括边民户数总计约为4亿人。后者只规定调查常住人口，没有规定标准时间。经过三年时间，也只对13个省进行了调查，对其他未调查的省的人数进行了估算。调查加估算的结果，全国人口约为4.75亿人。

中华人民共和国成立后，先后于1953年、1964年和1982年举行过三次人口普查。1990年人口普查是第四次全国人口普查。前三次人口普查是不定期进行的，自1990年开始改为定期进行。根据《统计法实施细则》和国务院的决定以及国务院2010年颁布的《全国人口普查条例》，人口普查每十年进行一次，尾数逢〇的年份为普查年度。两次普查之间，进行一次简易人口普查。2020年为第七次全国人口普查时间。

我国第一次人口普查的标准时间是1953年6月30日24时，所谓人口普查的标准时间，就是规定一个时间点，无论普查员入户登记在哪一天进行，登记的人口及其各种特征都是反映那个时间点上的情况。根据上述规定，不管普查员在哪天进行入户登记，普查对象所申报的都应该是标准时间的情况。通过这个标准时间，所有普查员普查登记完成后，经过汇总就可以得到全国人口的总数和各种人口状况的数据。1953 年 11 月 1 日发布了人口普查的主要数据，当时全国人口总数为 601 938 035 人。

第六次人口普查的标准时间是 2010 年 11 月 1 日零时。2011 年 4 月，发布了第六次全国人口普查主要数据。此次人口普查登记的全国总人口为 1 339 724 852 人。与 2000 年第五次人口普查相比，10 年增加 7 390 万人，增长 5.84%，年平均增长 0.57%，比 1990—2000 年年均 1.07% 的增长率下降了 0.5 个百分点。

美国在 1880 年进行的人口普查，耗时 8 年才完成数据汇总。因此，他们获得的很多数据都是过时的。1890 年进行的人口普查，预计要花费 13 年的时间来汇总数据。然而，因为税收分摊和国会代表人数确定都是建立在人口的基础上的，必须获得正确且及时的数据。很明显，当人们被数据淹没的时候，已有的数据处理工具已经难以应付了，所以就需要有新技术。后来，美国人口普查局就和美国发明家赫尔曼·霍尔瑞斯（Herman Hollerith，被称为现代自动计算之父）签订了一个协议，用他的穿孔卡片制表机来完成 1890 年的人口普查。

经过大量的努力，霍尔瑞斯成功地在一年时间内完成了人口普查的数据汇总工作。这简直就是一个奇迹，它标志着自动处理数据的开端，也为后来 IBM 公司的成立奠定了基础。但是，将其作为收集处理大数据的方法依然过于烦琐。毕竟，每个美国人都必须填一张可制成穿孔卡片的表格，然后再进行统计。这么麻烦的情况下，很难想象如果不足 10 年就要进行一次人口普查应该怎么办。对于一个跨越式发展的国家而言，10 年一次的人口普查的滞后性已经让普查失去了大部分意义。

这就是问题所在，是利用所有的数据还是仅采用一部分呢？最明智的自然是得到有关被分析事物的所有数据，但是当数量无比庞大时，这又不太现实。那如何选择样本呢？有人提出有目的地选择最具代表性的样本是最恰当的方法。1934 年，波兰统计学家耶日·奈曼（Jerzy Neyman）指出，这只会导致更多更大的漏洞。事实证明，问题的关键是选择样本时的随机性。

统计学家们证明，采样分析的精确性随着采样随机性的增加而大幅提高，但与样本数量的增加关系不大。虽然听起来很不可思议，但事实上，研究表明，当样本数量达到了某个值之后，我们从新个体身上得到的信息会越来越少，就如同经济学中的边际效应递减一样。

认为样本选择的随机性比样本数量更重要，这种观点是非常有见地的。这种观点为我们开辟了一条收集信息的新道路。通过收集随机样本，可以用较少的花费做出高精准度的推断。因此，政府每年都可以用随机采样的方法进行小规模的人口普查，而不是只能每 10 年进行一次。事实上，政府也这样做了。例如，除了 10 年一次的人口大普查，美国人口普查局每年都会用随机采样的方法对经济和人口进行二百多次小规模的调查。当收集和分析数据都不容易时，随机采样就成为应对信息采集困难的办法。

在商业领域，随机采样被用来监管商品质量。这使得监管商品质量和提升商品品质变得更容易，花费也更少。以前，全面的质量监管要求对生产出来的每个产品进行检查，而现在只需从一批商品中随机抽取部分样品进行检查就可以了。本质上来说，随机采样让大数据问题变得更加切实可行。同理，它将客户调查引进了零售行业，将焦点讨论引进了政治界，也将许多人文问题变成了社会科学问题。

随机采样取得了巨大的成功，成为现代社会、现代测量领域的重点。但这只是一条捷径，是在不可收集和分析全部数据的情况下的选择，它本身存在许多固有的缺陷。它的成功依赖于采样的绝对随机性，但是实现采样的随机性非常困难。一旦采样过程中存在任何偏见，分析结果就会相去甚远。

在美国总统大选中，以固定电话用户为基础进行投票民调就面临了这样的问题，采样缺乏随机性，因为没有考虑到只使用移动电话的用户——这些用户一般更年轻和更热爱自由，不考虑这些用户，自然就得不到正确的预测。2008 年在奥巴马与麦凯恩之间进行的美国总统大选中，盖洛普咨询公司、皮尤研究中心、美国广播公司和《华盛顿邮报》报社这些主要的民调组织都发现，如果不把移动用户考虑进来，民意测试的结果就会出现三个点的偏差，而一旦考虑进来，偏差就只有一个点。虽然这次大选的票数差距极其微弱，但这已经是非常大的偏差了。

更糟糕的是，随机采样不适合考察子类别的情况。因为一旦继续细分，随机采样结果的错误率会大大增加。因此，当人们想了解更深层次的细分领域的情况时，随机采样的方法就不可取了。在宏观领域起作用的方法在微观领域失去了作用。随机采样就像是模拟照片打印，远看很不错，但是一旦聚焦某个点，就会变得模糊不清。

随机采样也需要严密的安排和执行。人们只能从采样数据中得出事先设计好的问题的结果。所以虽说随机采样是一条捷径，但它并不适用于一切情况，因为这种调查结果缺乏延展性，即调查得出的数据不可以重新分析以实现计划之外的目的。

二、大数据与乔布斯的癌症治疗

我们来看一下 DNA 分析。由于技术成本大幅下跌以及 DNA 在医学方面的广阔前景，个人基因排序成为一门新兴产业。从 2007 年起，硅谷的新兴科技公司 23andMe 就开始分析人类基因，价格仅为几百美元。这可以揭示出人类遗传密码中一些会导致其对某些疾病抵抗力差的特征，如乳腺癌和心脏病。23andMe 希望能通过整合顾客的 DNA 和健康信息，了解到用其他方式不能获取的新信息。公司对某人的一小部分 DNA 进行排序，标注出几十个特定的基因缺陷。这只是该人整个基因密码的样本，还有几十亿个基因碱基对未排序。最后，23andMe 只能回答其标注过的基因组表现出来的问题。发现新标注时，该人的 DNA 必须重新排序，更准确地说，是相关的部分必须重新排列。只研究样本而不是整体，有利有弊：能更快更容易地发现问题，但不能回答事先未考虑到的问题。

苹果公司的传奇总裁乔布斯在与癌症斗争的过程中采用了不同的方式，成为世界上第一个对自身所有 DNA 和肿瘤 DNA 进行排序的人。为此，他支付了高达几十万美元的费用，这是 23andMe 报价的几百倍之多。所以，他得到的不是一个只有一系列标记的样本，他得到了包括整个基因密码的数据文档。

对于一个普通的癌症患者，医生只能期望他的 DNA 排列同试验中使用的样本足够相似。但是，乔布斯的医生们能够基于乔布斯的特定基因组成，按所需效果用药。如果癌症病变导致药物失效，医生可以及时更换另一种药。乔布斯曾经开玩笑地说："我要么是第一个通过这种方式战胜癌症的人，要么就是最后一个因为这种方式死于癌症的人。"虽然他的愿望都没有实现，但是这种获得所有数据而不仅是样本的方法还是将他的生命延长了好几年。

三、全数据模式："样本＝总体"

采样的目的是用最少的数据得到最多的信息，而当我们可以获得海量数据的时候，它就没有什么意义了。如今，计算和制表不再像过去一样困难。感应器、手机导航、网站点击和微信等被动地收集了大量数据，而计算机可以轻易地对这些数据进行处理。同时，数据处理技术已经发生了翻天覆地的变化，但人们的方法和思维却没有跟上这种改变。

采样忽视细节考察的缺陷现在越来越难以被忽视了。在很多领域，从收集部分数据到收集尽可能多的数据的转变已经发生了。如果可能的话，我们会收集所有的数据，即"样本＝总体"。

"样本＝总体"是指我们能对数据进行深度探讨。在上面提到的有关采样的例子中，用采样的方法分析正确率可达 97%。对于某些事物来说，3% 的错误率是可以接受的。但是无法得到一些微观细节的信息，甚至还会失去对某些特定子类别进行进一步研究的能力。生活中有很多事情经常藏匿在细节之中，而采样分析法却无法捕捉到这些细节。

谷歌流感趋势预测不是依赖于随机样本，而是分析了全美国几十亿条互联网检索记录。分析整个数据库，而不是对一个小样本进行分析，能够提高微观层面分析的准确性，甚至能够推测出某个特定城市的流感状况。所以，我们现在经常会放弃样本分析这条捷径，选择收集全面而完整的数据。我们需要足够的数据处理和存储能力，也需要最先进的分析技术。同时，简单廉价的数据收集方法也很重要。过去，这些问题中的任何一个都很棘手。在一个资源有限的时代，要解决这些问题需要付出很高的代价。但是现在，解决这些难题已经变得容易得多。曾经只有大公司才能做到的事情，现在绝大部分的公司都可以做到。

通过使用所有的数据，可以发现，如若不然则将出现在大量数据中被淹没的情况。例如，信用卡诈骗是通过观察异常情况来识别的，只有掌握了所有的数据才能做到这一点。在这种情况下，异常值是最有用的信息，可以把它与正常交易情况进行对比。这是一个大数据问题。而且，因为交易是即时的，所以数据分析也应该是即时的。

然而，使用所有的数据并不代表这是一项艰巨的任务。大数据中的"大"不是绝对意义上的大，虽然在大多数情况下是这个意思。谷歌流感趋势预测建立在数亿的数学模型之上，而这些数学模型又建立在数十亿数据节点的基础之上。完整的人体基因组有约 30 亿个碱基对。但这只是单纯的数据节点的绝对数量，不代表它们就是大数据。大数据是指不用随机分析法这样的捷径，而采用所有数据的方法。谷歌流感趋势和乔布斯的医生们采取的就是大数据的方法。

因为大数据是建立在掌握所有数据，至少是尽可能多的数据的基础上的，所以我们就可以正确地考察细节并进行新的分析。在任何细微的层面，都可以用大数据去论证新的假设，是大数据让我们发现了流感的传播区域和对抗癌症需要针对的那部分 DNA。它让我们能清楚分析微观层面的情况。

当然，有些时候，还是可以使用样本分析法，毕竟我们仍然活在一个资源有限的时代。但是更多时候，利用手中掌握的所有数据成为最好也是可行的选择。

社会科学是被"样本＝总体"撼动得最厉害的学科。随着样本分析被大数据分析取代，社会科学不再单纯依赖于分析实证数据。这门学科过去曾非常依赖样本分析、研究和调查问卷。当记录下来的是人们的平常状态，我们也就不用担心在做研究和调查问卷时存在的偏见了。现在，我们可以收集过去无法收集到的信息，不管是通过移动电话表现出的关系，还是通过推特信息表现出的感情。

第三节　转变之二：接受数据的混杂性

大数据时代的第二个转变是，我们乐于接受数据的纷繁复杂，而不再一味追求其精确性。在越来越多的情况下，使用所有可获取的数据变得更为可能，但为此也要付出一定的代价。数据量的大幅增加会造成结果的不准确，与此同时，一些错误的数据也会混进数据库。然而，重点是我们能够努力避免这些问题。我们从不认为这些问题是无法避免的，而且也正在学会接受它们。

一、允许不精确

对小数据而言，最基本、最重要的要求就是减少错误，保证质量。因为收集的信息量比较少，所以必须确保记录下来的数据尽量精确。无论是确定天体的位置还是观测显微镜下物体的大小，为了使结果更加准确，很多科学家都致力于优化测量的工具。在采样的时候，对精确度的要求就更高更苛刻了。因为收集有限的信息意味着细微的错误会被放大，甚至有可能影响整个结果的准确性。

历史上很多时候，人们会把通过测量世界来征服世界视为最大的成就。事实上，对精确度的高要求始于 13 世纪中期的欧洲。那时候，天文学家和学者对时间、空间的研究采取了比以往更为精确的量化方式，用历史学家阿尔弗雷德·克罗斯比（Alfred Crosby）的话来说就是"测量现实"。后来，测量方法逐渐被运用到科学观察、解释方法中，体现为一种进行量化的研究、记录，并呈现可重复结果的能力。伟大的物理学家开尔文男爵（Baron Kelvin）曾说过："测量就是认知。"这已成为一条至理名言。同时，很多数学家以及后来的精算师和会计师都发展了可以准确收集、记录和管理数据的方法。

然而，在不断涌现的新情况里，允许不精确的出现已经成为一个亮点，而非缺点。因为放松了容错的标准，人们掌握的数据也多了起来，还可以利用这些数据做更多新的事情。这样就不是大量数据优于少量数据那么简单了，而是大量数据创造了更好的结果。

同时，我们需要与各种各样的混乱做斗争。混乱，简单地说就是随着数据的增加，错误率也会相应增加。所以，如果桥梁的压力数据量增加 1 000 倍的话，其中的部分读数就可能是错误的，而且随着读数量的增加，错误率可能也会继续增高。在整合来源不同的各类信息的时候，因为它们通常不完全一致，所以也会加大混乱程度。

混乱还可以指格式的不一致性，因为要达到格式一致，就需要在进行数据处理之前仔细地清洗数据，而这在大数据背景下很难做到。

当然，在萃取或处理数据的时候，混乱也会发生。因为在进行数据转化的时候，我们是在把它变成另外的事物。例如，假设要测量一个葡萄园的温度，但是整个葡萄园只有一个温度测量仪，那就必须确保这个测量仪是精确的而且能够一直工作。反过来，如果每 100 棵葡萄树就有一个测量仪，有些测试的数据可能会是错误的，可能会更加混乱，但众多的读数合起来就可以提供一个更加准确的结果。因为这里面包含更多的数据，不仅能抵消掉错误数据造成的影响，还能提供更多的额外价值。

再来想想增加读数频率的这个事情。如果每隔一分钟就测量一下温度，我们至少还能够保证测量结果是按照时间有序排列的，如果变成每分钟测量十次甚至百次的话，不仅读数可能出错，连时间先后都可能搞混。试想，如果信息在网络中流动，那么一条记录很可能在传输过程中被延迟，在其到达的时候已经没有意义了，甚至干脆在奔涌的信息洪流中彻底迷失。虽然我们得到的信息不再那么准确，但收集到的数量庞大的信息让我们放弃严格精确的选择变得更为划算。

可见，为了获得更广泛的数据而牺牲了精确性，也因此看到了很多如若不然无法被关注到的细节。或者，为了高频率而放弃了精确性，结果观察到了一些本可能被错过的变化。虽然如果我们能够下足够多的功夫，这些错误是可以避免的，但在很多情况下，与致力于避免错误相比，对错误的包容会带给我们更多好处。

大数据通常用概率说话。我们可以在大量数据对计算机其他领域进步的重要性上看到类似的变化。我们都知道，如摩尔定律所预测的，过去一段时间里计算机的数据处理能力得到了很大的提高。摩尔定律认为，每块芯片上晶体管的数量每两年就会翻一倍。这使得计算机运行更快速了，存储空间更大了。大家没有意识到的是，驱动各类系统的算法也进步了，有报告显示，在很多领域这些算法带来的进步还要胜过芯片的进步。然而，社会从大数据中所能得到的，并非来自运行更快的芯片或更好的算法，而是更多的数据。

由于象棋的规则家喻户晓，且走子限制良多，在过去的几十年里，象棋算法的变化很小。计算机象棋程序总是步步为赢是由于对残局掌握得更好了，而之所以能做到这一点也只是因为往系统里加入了更多的数据。实际上，当棋盘上只剩下 6 枚棋子或更少的时候，这个残局得到了全面的分析，并且接下来所有可能的走法（"样本 ＝ 总体"）都被制入了一个庞大的数据表格。这个数据表格如果不压缩的话，会有 1 TB 那么多。所以，计算机在这些重要的象棋残局中表现得完美无缺和不可战胜。

大数据在多大程度上优于算法，这个问题在自然语言处理上表现得很明显（这是关于计算机如何学习和领悟我们在日常生活中使用语言的学科方向）。2000 年，微软研究中心的米歇尔•班科（Michele Banko）和埃里克•布里尔（Eric Brill）一直在寻求改进 Word 程序中语法检查的方法。但是他们不能确定是努力改进现有的算法、研发新的方法，还是添加更加细腻精致的特点更有效。所以，在实施这些措施之前，他们决定向现有的算法中添加更多的数据，看看会有什么不同的变化。很多对计算机学习算法的研究都建立在百万字左右的语料库基础上。最后，他们决定向四种常见的算法中逐渐添加数据，先是 1 000 万字，再到 1 亿字，最后到 10 亿字。

结果有点儿令人吃惊。他们发现，随着数据的增多，四种算法的表现都大幅提高了。当数据只有 500 万字的时候，有一种简单的算法表现得很差，但当数据达 10 亿字的时候，它变成了表现最好的，准确率从原来的 75% 提高到了 95% 以上。与之相反的，在少量数据情况下运行得最好的算法，当加入更多的数据时，也会像其他的算法一样有所提高，但是却变成了在大量数据条件下运行得最不好的。它的准确率会从 86% 提高到 94%。

后来，班科和布里尔在他们发表的研究论文中写到，"如此一来，我们得重新衡量一下更多的人力、物力是应该消耗在算法发展上还是在语料库发展上。"

二、大数据的简单算法与小数据的复杂算法

20 世纪 40 年代，计算机由真空管制成，要占据整个房间那么大的空间。而机器翻译也只是计算机开发人员的一个想法。在冷战时期，美国掌握了大量关于苏联的各种资料，但缺少翻译这些资料的人员。所以，计算机翻译也成了亟待解决的问题。

最初，计算机研发人员打算将语法规则和双语词典结合在一起。1954 年，IBM 以计算机中的 250 个词语和 6 条语法规则为基础，将 60 个俄语词组翻译成了英语，结果振奋人心。IBM 701 通过穿孔卡片读取了一句话，并将其译成了"我们通过语言来交流思想"。在庆祝这个成就的发布会上，一篇报道就有提到，这 60 句话翻译得很流畅。这个程序的指挥官利昂•多斯特尔特（Leon Dostelter）表示，他相信"在三五年后，机器翻译将会变得很成熟"。

事实证明，计算机翻译最初的成功误导了人们。1966 年，一群机器翻译的研究人员意识到，翻译比他们想象的更困难，他们不得不承认自己的失败。机器翻译不能只是让计算机熟悉常用规则，还必须教会计算机处理特殊的语言情况。毕竟，翻译不只是记忆和复

述，也涉及选词，而明确地教会计算机这些非常不现实。

在 20 世纪 80 年代后期，IBM 的研发人员提出了一个新的想法。与单纯教给计算机语言规则和词汇相比，他们试图让计算机自己估算一个词或一个词组适合于用来翻译另一种语言中的一个词和词组的可能性，然后再决定某个词和词组在另一种语言中的对等词和词组。

20 世纪 90 年代，IBM 这个名为坎迪德（Candide）的项目花费了大概十年的时间，将大约有 300 万句之多的加拿大议会资料译成了英语和法语并出版。由于是官方文件，翻译的标准非常高。用那个时候的标准来看，数据量非常庞大。统计机器学习从诞生之日起，就聪明地把翻译的挑战变成了一个数学问题，而这似乎很有效。计算机翻译能力在短时间内就提高了很多。然而，在这次飞跃之后，IBM 公司尽管投入了很多资金，但取得的成效不大。最终，IBM 公司停止了这个项目。

2006 年，谷歌公司也开始涉足机器翻译。这被当作实现"收集全世界的数据资源，并让人人都可享受这些资源"这个目标的一个步骤。谷歌翻译开始利用一个更大更繁杂的数据库，也就是全球的互联网，而不再只利用两种语言之间的文本翻译。

为了训练计算机，谷歌翻译系统会吸收它能找到的所有翻译。它会从各种各样语言的公司网站上寻找对译文档，还会去寻找联合国和欧盟这些国际组织发布的官方文件及报告的译本。它甚至会吸收速读项目中的书籍翻译。谷歌翻译部的负责人弗朗兹·奥齐（Franz Och）是机器翻译界的权威，他指出，"谷歌的翻译系统不会像坎迪德一样只是仔细地翻译 300 万句话，它会掌握用不同语言翻译的质量参差不齐的数十亿页的文档。"不考虑翻译质量的话，上万亿的语料库就相当于 950 亿句英语。

尽管其输入源很混乱，但较其他翻译系统而言，谷歌的翻译质量相对而言还是最好的，而且可翻译的内容更多。到 2012 年年中，谷歌数据库涵盖了六十多种语言，甚至能够接受 14 种语言的语音输入，并有很流利的对等翻译。之所以能做到这些，是因为它将语言视为能够判别可能性的数据，而不是语言本身。如果要将印度语译成加泰罗尼亚语，谷歌就会把英语作为中介语言。因为在翻译的时候它能适当增减词汇，所以谷歌的翻译比其他系统的翻译灵活很多。

谷歌的翻译之所以更好并不是因为它拥有一个更好的算法机制。和微软的班科和布里尔一样，这是因为谷歌翻译增加了很多各种各样的数据。从谷歌的例子来看，它之所以能比 IBM 的坎迪德系统多利用成千上万的数据，是因为它接受了有错误的数据。2006 年，谷歌发布的上万亿的语料库，就是来自互联网的一些废弃内容。这就是"训练集"，可以正确地推算出英语词汇搭配在一起的可能性。

谷歌公司人工智能专家彼得·诺维格（Peter Norvig）在一篇题为《数据的非理性效果》的文章中写道，"大数据基础上的简单算法比小数据基础上的复杂算法更加有效。"他指出，混杂是关键。

"由于谷歌语料库的内容来自未经过滤的网页内容，所以会包含一些不完整的句子、拼写错误、语法错误以及其他各种错误。况且，它也没有详细的人工纠错后的注解。但是，谷歌语料库的数据优势完全压倒了缺点。"

三、纷繁的数据越多越好

通常传统的统计学家都很难容忍错误数据的存在，在收集样本的时候，他们会用一整套的策略来减少错误发生的概率。在结果公布之前，他们也会测试样本是否存在潜在的系统性偏差。这些策略包括根据协议或通过受过专门训练的专家来采集样本。但是，即使只是少量的数据，这些规避错误的策略实施起来还是耗费巨大，尤其是当我们收集所有数据的时候，这就行不通了。不仅是因为耗费巨大，还因为在大规模的基础上保持数据收集标准的一致性不太现实。

大数据时代要求我们重新审视数据精确性的优劣。如果将传统的思维模式运用于数字化、网络化的 21 世纪，就有可能错过重要的信息。

如今，我们已经生活在信息时代。我们掌握的数据库越来越全面，包括与这些现象相关的大量甚至全部数据。我们不再需要那么担心某个数据点对整套分析的不利影响。我们要做的就是要接受这些纷繁的数据并从中受益，而不是以高昂的代价消除所有的不确定性。

在华盛顿州布莱恩市的英国石油公司切里波因特炼油厂里，无线感应器遍布于整个工厂，形成无形的网络，能够产生大量实时数据。在这里，酷热的恶劣环境和电气设备的存在有时会对感应器读数有所影响，形成错误的数据。但是数据生成的数量之多可以弥补这些小错误。随时监测管道的承压使得英国石油公司能够了解到，有些种类的原油比其他种类更具有腐蚀性。以前，这都是无法发现也无法防止的。有时候，当我们掌握了大量新型数据时，精确性就不那么重要了，我们同样可以掌握事情的发展趋势。大数据不仅让我们不再期待精确性，也让我们无法实现精确性。然而，除了一开始会与我们的直觉相矛盾之外，接受数据的不精确和不完美，反而能够更好地进行预测，也能够更好地理解这个世界。

值得注意的是，错误性并不是大数据本身固有的特性，而是一个急需我们去处理的现实问题，并且有可能长期存在。它只是我们用来测量、记录和交流数据的工具的一个缺陷。如果说哪天技术变得完美无缺了，不精确的问题也就不复存在了。因为拥有更大数据量所能带来的商业利益远远超过增加一点儿精确性，所以通常我们不会再花大力气去提升数据的精确性。这又是一个关注焦点的转变，正如以前统计学家们，总是把他们的兴趣放在提高样本的随机性而不是数量上。如今，大数据给我们带来的利益，让我们能够接受不精确的存在了。

四、混杂性是标准途径

长期以来，人们一直用分类法和索引法来帮助自己存储和检索数据资源。这样的分级系统通常都不完善，而在小数据范围内，这些方法就很有效，但一旦把数据规模增加好几个数量级，这些预设一切各就各位的系统就会崩溃。

相片分享网站 Flickr 在 2011 年拥有来自大概一亿用户的 60 亿张照片。根据预先设定好的分类来标注每张照片就没有意义了。恰恰相反，清楚的分类被更混乱却更灵活的机制取代了。这些机制才能适应改变着的世界。

当我们上传照片到 Flickr 网站的时候，我们会给照片添加标签，也就是使用一组文本标签来编组和搜索这些资源。人们用自己的方式创造和使用标签，没有标准、没有预先设定的排列和分类，也没有我们所必须遵守的类别规定。任何人都可以输入新的标签，标签内容事实上就成为网络资源的分类标准。标签被广泛地应用于脸书、博客等社交网络上。因为它们的存在，互联网上的资源变得更加易找，特别是像图片、视频和音乐这些无法用关键词搜索的非文本类资源。

当然，有时人们错标的标签会导致资源编组的不准确，这会让习惯了精确性的人们很痛苦。但是，用来编组照片集的混乱方法给我们带来了很多好处。例如，我们拥有了更加丰富的标签内容，同时能更深更广地获得各种照片。我们可以通过合并多个搜索标签来过滤需要寻找的照片，这在以前是无法完成的。我们添加标签时所带来的不准确性从某种意义上说明我们能够接受世界的纷繁复杂。这是对更加精确系统的一种对抗。这些精确的系统试图让我们接受一个世界贫乏而规整的惨象——假装世间万物都是整齐地排列的。而事实上现实是纷繁复杂的，天地间存在的事物也远远多于系统所设想的。

互联网上最火的网址都表明，它们欣赏不精确而不会假装精确。当一个人在网站上见到一个脸书的"喜欢"按钮时，可以看到有多少其他人也在点击。当数量不多时，会显示像"63"这种精确的数字。当数量很大时，则只会显示近似值，如"4 000"。这并不代表系统不知道正确的数据是多少，只是当数量规模变大的时候，确切的数量已经不那么重要了。另外，数据更新得非常快，甚至在刚刚显示出来的时候可能就已经过时了。所以，同样的原理适用于时间的显示。电子邮箱会确切标注在很短时间内收到的信件，如"11分钟之前"。但是，对于已经收到一段时间的信件，则会标注如"两个小时之前"这种不太确切的时间信息。

如今，要想获得大规模数据带来的好处，混乱应该是一种标准途径，而不应该是竭力避免的。

五、新的数据库设计

传统的关系数据库是为小数据的时代设计的，所以能够也需要仔细策划。在那个时代，人们遇到的问题无比清晰，数据库被设计用来有效地回答这些问题。

传统的数据库引擎要求数据高度精确和准确排列。数据不是单纯地被存储，往往被划分为包含域（字段）的记录，每个域都包含特定种类和特定长度的信息。例如，某个数值域被设定为 7 位数长，一个 1 000 万或者更大的数值就无法被记录。一个人想在某个记录手机号码的域中输入一串汉字是不被允许的。想要被允许，则需要改变数据库结构才可以。索引是事先就设定好了的，这也就限制了人们的搜索。增加一个新的索引往往很耗费时间，因为需要改变底层的设计。预设场域显示的是数据的整齐排列。最普遍的数据库查询语言是结构化查询语言（SQL）。

但是，这种数据存储和分析的方法越来越与现实相冲突。我们发现，不精确已经开始渗入数据库设计这个最不能容忍错误的领域。我们现在拥有各种各样、参差不齐的海量数据，很少有数据完全符合预先设定的数据种类。而且，我们想要数据回答的问题，也只有在我们收集和处理数据的过程中才全知道。这些现实条件导致了新的数据库设计的诞生。

近年的大转变是非关系型数据库的出现，其不需要预先设定记录结构，允许处理超大量五花八门的数据。因为包容了结构多样性，这些数据库设计要求更多的处理和存储资源，帕特·赫兰德（Pat Helland）是来自微软的世界上最权威的数据库设计专家之一，他把此称为一个重大的转变。他分析了被各种各样质量参差不齐的数据侵蚀的传统数据库设计的核心原则，认为处理海量数据会不可避免地导致部分信息的缺失。虽然这本来就是有损耗性的，但是能快速得到想要的结果弥补了这个缺陷。

传统数据库的设计要求在不同的时间提供一致的结果。例如，如果查询账户结余，它会提供确切的数目；而几秒钟之后查询的时候，系统应该提供同样的结果，没有任何改变。但是，随着数据数量的大幅增加以及系统用户的增加，这种一致性将越来越难保持。

大的数据库并不是固定在某个地方，一般分散在多个硬盘和多台计算机上。为了确保其运行的稳定性和速度，一个记录可能会分开存储在两三个地方。如果一个地方的记录更新了，其他地方的记录则只有同步更新才不会产生错误。传统的系统会一直等到所有地方的记录都更新，然而，当数据广泛地分布在多台服务器上而且服务器每秒钟都会接受成千上万条搜索指令的时候，同步更新就比较不现实了。因此，多样性是一种解决的方法。

最能代表这个转变的，就是 Hadoop 的流行。Hadoop 是与谷歌的 MapReduce 系统相对应的开源式分布系统的基础架构，善于处理超大量的数据。通过把大数据变成小模块，然后分配给其他机器进行分析，实现了对超大量数据的处理。它预见到硬件可能会瘫痪，所以在内部建立了数据的副本，还假定数据量之大导致数据在处理之前不可能整齐排列。典型的数据分析需要经过萃取、转移和下载这样一个操作流程，但是 Hadoop 不拘泥于这样的方式。相反，它假定了数据量的巨大使得数据完全无法移动，所以人们必须在本地进行数据分析。

Hadoop 的输出结果没有关系型数据库输出结果那么精确，不能用于卫星发射、开具银行账户明细这种精确度要求很高的任务。但是对于不要求极端精确的任务，就比其他系统运行得快很多，如把顾客分群，然后分别进行不同的营销活动。

信用卡公司维萨使用 Hadoop，能够将处理两年内 730 亿单交易所需的时间，从一个月缩减至仅仅 13 min。这种大规模处理时间上的缩减足以变革商业了。也许 Hadoop 不适合正规记账，但是当可以允许少量错误的时候它就非常实用。接受混乱，我们就能享受极其有用的服务，这些服务如果使用传统方法和工具是不可能做到的，因为那些方法和工具处理不了这么大规模的数据。

六、5%的数字数据与95%的非结构化数据

据估计，只有5%的数字数据是结构化的且适用于传统数据库。如果不接受混乱，剩下95%的非结构化数据都无法被利用，如网页和视频资源。通过接受不精确性，我们打开了一个从未涉足的世界的窗户。

怎么看待使用所有数据和使用部分数据的差别，以及怎样选择放松要求并取代严格的精确性，将会对我们与世界的沟通产生深刻的影响。随着大数据技术成为日常生活中的一部分，我们应该开始从一个比以前更大更全面的角度来理解事物，也就是说应该将"样本＝总体"植入我们的思维中。

现在，我们能够容忍模糊和不确定出现在一些过去依赖于清晰和精确的领域，当然过去可能也只是有清晰的假象和不完全的精确。只要我们能够得到一个事物更完整的概念，就能接受模糊和不确定的存在。就像印象派的画风一样，近看画中的每一笔都感觉是混乱的，但是退后一步就会发现这是一幅伟大的作品，因为退后一步的时候就能看出画作的整体思路了。

相比依赖于小数据和精确性的时代，大数据因为更强调数据的完整性和混杂性，帮助我们进一步接近事实的真相。部分和确切的吸引力是可以理解的。但是，当我们的视野局限在可以分析和能够确定的数据上时，我们对世界的整体理解就可能产生偏差和错误。不仅失去了去尽力收集一切数据的动力，也失去了从各个不同角度来观察事物的权利。所以，局限于狭隘的小数据中，我们可以自豪于对精确性的追求，但是就算我们可以分析得到细节中的细节，也依然会错过事物的全貌。

大数据要求我们有所改变，必须能够接受混乱和不确定性。精确性似乎一直是我们生活的支撑，但认为每个问题只有一个答案的想法是站不住脚的。

第四节 转变之三：数据的相关关系

在传统观念下，人们总是致力于找到一切事情发生背后的原因。然而在很多时候，寻找数据间的关联并利用这种关联就足够了。这些思想上的重大转变导致了第三个变革，即我们尝试着不再探求难以捉摸的因果关系，转而关注事物的相关关系。

一、关联物，预测的关键

虽然在小数据世界中相关关系也是有用的，但如今在大数据的背景下，相关关系大放异彩。通过应用相关关系，我们可以比以前更容易、更快捷、更清楚地分析事物。

所谓相关关系，其核心是指量化两个数据值之间的数理关系。相关关系强是指当一个

数据值增加时，另一个数据值很有可能也会随之增加。我们已经看到过这种很强的相关关系，如谷歌流感趋势：在一个特定的地理位置，越多的人通过谷歌搜索特定的词条，该地区就有更多的人患了流感。相反，相关关系弱就意味着当一个数据值增加时，另一个数据值几乎不会发生变化。例如，我们可以寻找关于个人的鞋码和幸福的相关关系，但会发现它们几乎扯不上什么关系。

相关关系通过识别有用的关联物来帮助人们分析一个现象，而不是通过揭示其内部的运作机制。当然，即使是很强的相关关系也不一定能解释每一种情况，如两个事物看上去行为相似，但很有可能只是巧合。相关关系没有绝对，只有可能性。也就是说，不是亚马逊推荐的每本书都是顾客想买的书。但是，如果相关关系强，一个相关链接成功的概率是很高的。这一点很多人可以证明，他们的书架上有很多书都是因为亚马逊推荐而购买的。

通过找到一个现象的良好的关联物，相关关系可以帮助人们捕捉现在和预测未来。如果 A 和 B 经常一起发生，我们只需要注意到 B 发生了，就可以预测 A 也发生了。这有助于我们捕捉可能和 A 一起发生的事情，即使我们不能直接测量或观察到 A。更重要的是，它还可以帮助我们预测未来可能发生什么。当然，相关关系是无法预知未来的，只能预测可能发生的事情。但是，这已经极其珍贵了。

2004 年，沃尔玛对历史交易记录这个庞大的数据库进行了观察，这个数据库记录不仅包括每一个顾客的购物清单以及消费额，还包括购物篮中的物品、具体购买时间，甚至购买当日的天气。沃尔玛公司注意到，每当在季节性飓风来临之前，不仅手电筒销售量增加了，而且 POP-Tarts（蛋挞，美式含糖早餐零食）的销量也增加了。因此，当季节性风暴来临时，沃尔玛会把库存的蛋挞放在靠近飓风用品的位置，以方便行色匆匆的顾客挑选，从而增加销量。

在大数据时代来临前很久，相关关系就已经被证明大有用途。这个观点是 1888 年查尔斯·达尔文（Charles Darwin）的表弟弗朗西斯·高尔顿（Francis Galton）爵士提出的，因为他注意到人的身高和前臂的长度有关系。相关关系背后的数学计算是直接而又有活力的，这是相关关系的本质特征，也是让相关关系成为最广泛应用的统计计量方法的原因。但是在大数据时代之前，相关关系的应用很少。因为数据很少而且收集数据费时费力，所以统计学家们喜欢找到一个关联物，然后收集与之相关的数据进行相关关系分析来评测这个关联物的优劣。那么，如何寻找这个关联物呢？

除了仅依靠相关关系，专家们还会使用一些建立在理论基础上的假想来指导自己选择适当的关联物。这些理论就是一些抽象的观点，关于事物是怎样运作的。然后收集与关联物相关的数据来进行相关关系分析，以证明这个关联物是否真的合适。如果不合适，人们通常会固执地再次尝试，因为担心可能是数据收集的错误，而最终却不得不承认一开始的假想甚至假想建立的基础都是有缺陷和必须修改的。这种对假想的反复试验促进了学科的发展。但是这种发展非常缓慢，因为个人以及团体的偏见会蒙蔽人们的双眼，导致人们在设立假想、应用假想和选择关联物的过程中犯错误。总之，这是一个烦琐的过程，只适用于小数据时代。

在大数据时代，通过建立在人的偏见基础上的关联物监测法已经不可行，因为数据库太大而且需要考虑的领域太复杂。幸运的是，许多迫使人们选择假想分析法的限制条件也逐渐消失了。我们现在拥有如此多的数据，这么好的机器计算能力，因而不再需要人工选择一个关联物或者一小部分相似数据来逐一分析了。复杂的机器分析能为人们辨认出谁是最好的代理，就像在谷歌流感趋势中，计算机把检索词条在5亿个数学模型上进行测试之后，准确地找出了哪些是与流感传播最相关的词条。

人们理解世界不再需要建立在假设的基础上，这个假设是指针对现象建立的有关其产生机制和内在机理的假设。因此，也不需要建立这样一个假设，关于哪些词条可以表示流感在何时何地传播，不需要了解航空公司怎样给机票定价，不需要知道沃尔玛的顾客的烹饪喜好。取而代之的是，可以对大数据进行相关关系分析，从而知道哪些检索词条是最能显示流感的传播的，飞机票的价格是否会飞涨，哪些食物是飓风期间待在家里的人最想吃的。我们用数据驱动的关于大数据的相关关系分析法，取代了基于假想的易出错的方法。大数据的相关关系分析更准确、更快，而且不易受偏见的影响。

建立在相关关系分析基础上的预测是大数据的核心。这种预测发生的频率非常高，以至于人们经常忽略了它的创新性。当然，它的应用会越来越多。

大数据相关关系分析的极致，非美国折扣零售商塔吉特（Target）莫属了。该公司使用大数据的相关关系分析已经有多年。《纽约时报》的记者查尔斯·杜西格（Charles Dusiger）就在一份报道中阐述了塔吉特公司怎样在完全不和准妈妈对话的前提下，预测一个女性会在什么时候怀孕。基本上来说，就是收集一个人可以收集到的所有数据，然后通过相关关系分析得出事情的真实状况。

对于零售商来说，知道一个顾客是否怀孕是非常重要的。因为这是一对夫妻改变消费观念的开始，也是一对夫妻生活的分水岭。他们会开始光顾以前不会去的商店，渐渐对新的品牌建立忠诚。塔吉特公司的市场专员们向分析部求助，看是否有什么办法能够通过一个人的购物方式发现她是否怀孕。公司的分析团队首先查看了签署婴儿礼物登记簿的女性的消费记录。注意到，登记簿上的妇女会在怀孕大概第三个月的时候买很多无香乳液。几个月之后，她们会买一些营养品。公司最终找出了大概二十多种关联物，这些关联物可以给顾客进行怀孕趋势评分。这些相关关系甚至使得零售商能够比较准确地预测预产期，这样就能够在孕期的每个阶段给客户寄送相应的优惠券，这才是塔吉特公司的目的。

在社会环境下寻找关联物只是大数据分析法采取的一种方式。同样有用的一种方法是，通过找出新种类数据之间的相互联系来解决日常需要。例如，一种称为预测分析法的方法就被广泛地应用于商业领域，它可以预测事件的发生。这可以指一个能发现可能的流行歌曲的算法系统——音乐界广泛采用这种方法来确保他们看好的歌曲真的会流行；也可以指那些用来防止机器失效和建筑倒塌的方法。现在，在机器、发动机和桥梁等基础设施上放置传感器变得越来越平常了，这些传感器被用来记录散发的热量、振幅、承压和发出的声音等。

一个东西要出故障，不会是瞬间的，而是慢慢地出问题的。通过收集所有的数据，可以预先捕捉到事物要出故障的信号，如发动机的嗡嗡声、引擎过热都说明可能要出故障了。系统把这些异常情况与正常情况进行对比，就会知道什么地方出了问题。通过尽早地发现异常，系统可以提醒人们在故障之前更换零件或者修复问题。通过找出一个关联物并监控它，就能预测未来。

二、"是什么"，而不是"为什么"

在小数据时代，相关关系分析和因果分析都不容易，耗费巨大，都要从建立假设开始，然后进行实验——这个假设要么被证实要么被推翻。但是，由于两者都始于假设，这些分析就都有受偏见影响的可能，极易导致错误。与此同时，用来做相关关系分析的数据很难得到。

另外，在小数据时代，由于计算机能力的不足，大部分相关关系分析仅限于寻求线性关系。而事实上，实际情况远比人们所想象的要复杂。经过复杂的分析，能够发现数据的非线性关系。

多年来，经济学家和政治家一直认为收入水平和幸福感是成正比的。从数据图表上可以看到，虽然统计工具呈现的是一种线性关系，但事实上，它们之间存在一种更复杂的动态关系。例如，对于收入水平在 10 000 美元以下的人来说，一旦收入增加，幸福感会随之提升；但对于收入水平在 10 000 美元以上的人来说，幸福感并不会随着收入水平提高而提升。如果能发现这层关系，我们看到的就应该是一条曲线，而不是统计工具分析出来的直线。

这个发现对决策者来说非常重要。如果只看到线性关系的话，那么政策重心应完全放在增加收入上，因为这样才能增加全民的幸福感。而一旦觉察到这种非线性关系，策略的重心就会变成提高低收入人群的收入水平，因为这样明显更划算。

当相关关系变得更复杂时，一切就更混乱了。例如，各地麻疹疫苗接种率的差别与人们在医疗保健上的花费似乎有关联，但是，哈佛与麻省理工的联合研究小组发现，这种关联不是简单的线性关系，而是一个复杂的曲线图。和预期相同的是，随着人们在医疗上花费的增多，麻疹疫苗接种率的差别会变小；但令人惊讶的是，当增加到一定程度时，这种差别又会变大。发现这种关系对公共卫生官员来说非常重要，但是普通的线性关系分析无法捕捉到这个重要信息。

大数据时代，专家们正在研发能发现并对比分析非线性关系的技术工具。一系列飞速发展的新技术和新软件也从多方面提高了相关关系分析工具发现非因果关系的能力。这些新的分析工具和思路为我们提供了一系列新的视野和有用的预测，我们看到了很多以前不曾注意到的联系，还掌握了以前无法理解的复杂技术和社会动态。但最重要的是，通过去探求"是什么"而不是"为什么"，相关关系帮助人们更好地了解了这个世界。

三、通过因果关系了解世界

传统情况下，人类是通过因果关系了解世界的。我们的直接愿望就是了解因果关系。即使无因果联系存在，我们也还是会假定其存在。研究证明，这只是人们的认知方式，与每个人的文化背景、生长环境以及教育水平无关。当我们看到两件事情接连发生的时候，会习惯性地从因果关系的角度来看待它们。看看下面的三句话：“弗雷德的父母迟到了；供应商快到了；弗雷德生气了。”我们读到这里时，可能立马就会想到弗雷德生气并不是因为供应商快到了，而是他父母迟到了的缘故。实际上，我们也不知道到底是什么情况。即便如此，我们还是不禁认为这些假设的因果关系是成立的。

普林斯顿大学心理学专家，同时也是2002年诺贝尔经济学奖得主丹尼尔·卡尼曼（Daniel Kahneman）就是用这个例子证明了人有两种思维模式。第一种是不费力的快速思维，通过这种思维方式几秒钟就能得出结果；另一种是比较费力的慢性思维，对于特定的问题，需要考虑到位。

快速思维模式使人们偏向用因果联系来看待周围的一切，即使这种关系并不存在。这是人们对已有的知识和信仰的执着。在古代，这种快速思维模式是很有用的，它能帮助人们在信息量缺乏却必须快速做出决定的危险情况下化险为夷。但是，通常这种因果关系都是并不存在的。

卡尼曼指出，平时生活中，由于惰性，人们很少慢条斯理地思考问题，所以快速思维模式就占据了上风。因此，人们会经常臆想出一些因果关系，最终导致了对世界的错误理解。

父母经常告诉孩子，天冷时不戴帽子和手套就会感冒。然而，事实上，感冒和穿戴之间却没有直接的联系。有时，我们在某个餐馆用餐后生病了，就会自然而然地觉得这是餐馆食物的问题，以后可能就不再去这家餐馆了。事实上，我们肚子痛也许是因为其他的传染途径，如和患者握过手之类的。然而，我们的快速思维模式使我们直接将其归于任何我们能在第一时间想起来的因果关系，因此，这经常导致做出错误的决定。

与常识相反，经常凭借直觉而来的因果关系并没有帮助人们加深对这个世界的理解。很多时候，这种认知捷径只是给了我们一种自己已经理解的错觉，但实际上，我们因此完全陷入了理解误区之中。就像采样是我们无法处理全部数据时的捷径一样，这种找因果关系的方法也是我们大脑用来避免辛苦思考的捷径。

在小数据时代，很难证明由直觉而来的因果联系是错误的。现在，情况不一样了。将来，大数据之间的相关关系，将经常会用来证明直觉的因果联系是错误的。最终也能表明，统计关系也不蕴含多少真实的因果关系。总之，人们的快速思维模式将会遭受各种各样的现实考验。

为了更好地了解世界，我们会因此更加努力地思考。但是，即使是我们用来发现因果关系的第二种思维方式慢性思维，也将因为大数据之间的相关关系迎来大的改变。

日常生活中，人们习惯性地用因果关系来考虑事情，所以会认为，因果联系是浅显易寻的。但事实却并非如此。与相关关系不一样，即使用数学这种比较直接的方式，因果联系也很难被轻易证明。我们也不能用标准的等式将因果关系表达清楚。因此，即使我们慢慢思考，想要发现因果关系也是很困难的。因为我们已经习惯了信息的匮乏，故此也习惯了在少量数据的基础上进行推理思考，即使大多时候很多因素都会削弱特定的因果关系。

就拿狂犬疫苗这个例子来说，1885 年 7 月 6 日，法国化学家路易·巴斯德（Louis Pasteur）接诊了一个 9 岁的小孩约瑟夫·梅斯特（Joseph Maistre），他被带有狂犬病毒的狗咬了。那时，巴斯德刚刚研发出狂犬疫苗，也实验验证过效果了。梅斯特的父母就恳求巴斯德给他们的儿子注射一针。巴斯德做了，梅斯特活了下来。发布会上，巴斯德因为把一个小男孩从死神手中救出而大受褒奖。

但真的是因为他吗？事实证明，一般来说，人被狂犬病狗咬后患上狂犬病的概率只有七分之一。即使巴斯德的疫苗有效，这也只适用于七分之一的案例中。无论如何，就算没有狂犬疫苗，这个小男孩活下来的概率还是有 85%。

在这个例子中，大家都认为是注射疫苗救了梅斯特一命。但这里却有两个因果关系值得商榷。第一个是疫苗和狂犬病毒之间的因果关系，第二个就是被带有狂犬病毒的狗咬和患狂犬病之间的因果关系。即便是说疫苗能够医好狂犬病，第二个因果关系也只适用于极少数情况。

不过，科学家已经克服了用实验来证明因果关系的难题。实验是通过是否有诱因这两种情况，分别来观察所产生的结果是不是和真实情况相符的，如果相符就说明确实存在因果关系。这个衡量假说的验证情况控制得越严格，就会发现因果关系越有可能是真实存在的。

因此，与相关关系一样，因果关系被完全证实的可能几乎是没有的，我们只能说，某两者之间很有可能存在因果关系。但两者之间又有不同，证明因果关系的实验要么不切实际，要么违背社会伦理道德。例如，怎么从 5 亿词条中找出和流感传播最相关的呢？难道真能为了找出被咬和患病之间的因果关系而置成百上千的病人的生命于不顾吗？因为实验会要求把部分病人当成未被咬的"控制组"成员来对待，但是就算给这些病人打了疫苗，又能保证万无一失吗？而且就算这些实验可以操作，操作成本也非常昂贵。

四、通过相关关系了解世界

不像因果关系，证明相关关系的实验耗资少，费时也少。与之相比，分析相关关系，我们既有数学方法，也有统计学方法，同时，数字工具也能帮我们准确地找出相关关系。

相关关系分析本身意义重大，同时它也为研究因果关系奠定了基础。通过找出可能相关的事物，我们可以在此基础上进行进一步的因果关系分析。如果存在因果关系，再进一步找出原因。这种便捷的机制通过实验降低了因果分析的成本。我们也可以从相互联系中找到一些重要的变量，这些变量可以用到验证因果关系的实验中去。

可是，我们必须非常认真。相关关系很有用，不仅因为它能为我们提供新的视角，而且提供的视角都很清晰。而一旦把因果关系考虑进来，这些视角就有可能被蒙蔽掉。

例如，卡格勒（Kaggle），一家为所有人提供数据挖掘竞赛平台的公司，举办了关于二手车的质量竞赛。二手车经销商将二手车数据提供给参加比赛的统计学家，统计学家们用这些数据建立一个算法系统来预测经销商拍卖的哪些车有可能出现质量问题。相关关系分析表明，橙色的车有质量问题的可能性只有其他车的一半。

当我们读到这里的时候，不禁也会思考其中的原因。难道是因为橙色车的车主更爱车，所以车被保护得更好吗？或是这种颜色的车子在制造方面更精良些吗？还是因为橙色的车更显眼、出车祸的概率更小，所以转手的时候，各方面的性能保持得更好？

马上，我们就陷入了各种各样谜一样的假设中。若要找出相关关系，可以用数学方法，但如果是因果关系，这却是行不通的。所以，没必要一定要找出相关关系背后的原因，当我们知道了"是什么"的时候，"为什么"其实没那么重要了，否则就会催生一些滑稽的想法。比方说上面提到的例子里，是不是应该建议车主把车漆成橙色呢？毕竟，这样就说明车子的质量更过硬啊！

考虑到这些，如果把以确凿数据为基础的相关关系和通过快速思维构想出的因果关系相比，前者就更具有说服力。但在越来越多的情况下，快速清晰的相关关系分析甚至比慢速的因果分析更有用和更有效。慢速的因果分析集中体现为通过严格控制的实验来验证的因果关系，而这必然是非常耗时耗力的。

近年来，科学家一直在试图减少这些实验的花费，如通过巧妙地结合相似的调查，做成"类似实验"，这样一来，因果关系的调查成本就降低了，但还是很难与相关关系体现的优越性相抗衡。还有，正如之前提到的，在专家进行因果关系的调查时，相关关系分析本来就会起到帮助的作用。

在大多数情况下，一旦完成了对大数据的相关关系分析，而又不再满足于仅仅知道"是什么"时，我们就会继续向更深层次研究因果关系，找出背后的"为什么"。

因果关系还是有用的，但是它将不再被看成意义来源的基础。在大数据时代，即使很多情况下，我们依然指望用因果关系来说明我们所发现的相互联系，但是，我们知道因果关系只是一种特殊的相关关系。相反，大数据推动了相关关系分析。相关关系分析通常情况下能取代因果关系起作用，即使在不可取代的情况下，它也能指导因果关系起作用。

第三章　大数据关键技术分析

第一节　大数据的生成与采集

一、大数据的生成

数据生成是指大数据的诞生。具体来说大数据是指通过各种纵向或分布式数据源生成的规模庞大、多样化和复杂的数据集，这些数据源包括传感器、视频、点击流或所有其他可用的数据源。目前大数据的数据源主要是企业内部的经营交易信息，物联网世界中物流、传感信息，互联网世界中人与人的交互信息、位置信息，科学研究所产生的数据等。其信息量远远超越了现有企业 IT 架构和基础设施的承载能力，其实时性要求则大大超越了现有的计算能力。

（一）企业内部数据

2013 年，IBM 公司发布《分析：大数据在现实世界中的应用》，该报告显示企业内部数据是大数据的主要来源。企业内部数据主要来自联机交易数据和联机分析数据，这些数据大部分是历史的静态数据，并且多以结构化的形式被关系型数据库管理。生产数据、库存数据、销售数据、财务数据等构成了企业内部数据，它们将企业内部的所有活动都尽可能信息化、数据化，用数据记录企业的每个活动。

近几十年来，在提高业务部门的盈利能力方面，信息技术和数字数据功不可没。据估计，全球所有公司的业务数据量每 1.2 年翻一番，互联网上企业对企业和企业对消费者每天的业务交易额将达到 4 500 亿美元。不断增加的业务数据量需要我们进行更有效的实时分析，以获得更多的优势。例如，亚马逊每天要处理数以百万计的终端操作，以及 50 多万条第三方卖家的查询。沃尔玛每小时就要处理 100 万条客户交易，这些交易数据被导入一个含有超过 2.5 PB 数据的数据库中。阿卡迈（Akamai）每天要对 7 500 万个事件进行分析，以完善目标广告。

（二）物联网数据

物联网架构及各层具备的功能。物联网架构可分为四层：感知层、网络层、分析层和应用层。感知层负责采集数据，其主要构成是传感网；网络层负责信息传输和处理，近距离的传递可以依靠传感网，远距离的传输则要借助互联网；分析层进行信息管理与分析，对上层服务和应用起到支撑作用，分析层的主要系统设备包括大型计算机群、海量网络存储设备、云计算设备等；应用层是物联网的具体应用实践。通过数据从端到云的传输，以及从云到端的反馈来实现物理世界与数字世界的共融，物联网用户通过"云端"融合技术实现对真实世界的控制。

根据物联网的特点，其生成的数据具有以下特点。

1. 数据规模大

物联网中分布着海量的数据采集设备，它们既可以采集简单的数值型数据，如GPS等，又可以采集复杂的多媒体数据，如摄像头等。为了满足分析处理的需求，我们不仅需要存储当前的采集数据，还需要存储一段时间范围内的历史数据。因此，物联网所产生数据的规模是巨大的。

2. 异构性

由于物联网中数据采集设备种类的多样性，所采集数据的类型也各不相同，因此物联网所采集的数据也具有异构性。

3. 时空相关度大

在物联网中，每个数据采集设备都有地理位置，每个采集数据都有时间标签，时空关系是物联网数据的重要属性。在进行数据分析处理时，时空也是进行统计分析的重要维度。

4. 有效数据所占比例少

物联网数据在采集和传输过程中会产生大量的噪声，而且在采集设备不断采集的数据集中，有价值的只是其中极少一部分的状态异常数据。例如，在交通视频采集过程中，与其他正常的视频帧相比，只有违反交通规则、交通事故等少数的视频帧具有更高的价值。

（三）互联网数据

互联网一直是大数据的主要来源，随着移动互联网和社交网络的兴起，互联网所生成的数据规模呈爆炸式增长。目前，全球互联网上约有6.3亿个活跃网站，每秒有2亿多封电子邮件在发送，571个新网页生成，200万个谷歌搜索请求。在我国，域名总数1 341万个，网站数268万个，网页数1 227亿个，网民规模5.64亿人。谷歌的服务器超过100万台，每月处理的数据量超过400 PB。百度的数据总量接近100 PB，存储网页数量1万亿个，每天约处理60亿次搜索请求。脸书拥有的注册用户超过10亿，每月上传的照片超过10亿张，每天生成300 TB以上的日志数据。淘宝网会员超过3.7亿人，在线商品超过8.8亿件，每天交易数千万笔，产生约20 TB的数据。

搜索词条、论坛帖子、聊天记录和微博消息等互联网数据，都具有一个共同的特点——价值高但是密度低。这些互联网数据就个体而言，也许无法找出有价值的信息，但是通过对积累的大数据进行挖掘，可以发现用户的行为习惯和喜好，甚至预测人们的行为和情绪。

（四）生物医疗数据

随着一系列高通量生物测量技术在 21 世纪初革新性的发展，生物医学领域的前沿研究也正步入大数据的信息时代。通过构建智能、高效、准确分析这些生物医学特有大数据的方法及理论体系，可以揭示复杂生物现象背后的本质控制机理。这不仅将决定生物科学未来的发展，更将决定谁能在医疗、新药研发、粮食生产等一系列事关国计民生与国家安全的重要战略产业发展中占领先机。

人类基因组计划的完成和测序技术的不断发展，也使大数据在该领域的应用越来越广泛。基因测序所产生的大量数据，根据不同应用需求进行专业化分析，使之与临床基因诊断相结合，对疾病的早期诊断、个体化治疗提供宝贵信息。对人类基因进行一次测序，所产生的原始数据就为 100 ~ 600 GB。而在深圳国家基因库，其中的样本量已达 130 万份，其中人类样本 115 万份，动植物、微生物等其他样本 15 万份。至 2013 年底，实现 1 000 万份可溯源生物样本的存储，2015 年底实现 3 000 万份生物样本的存储。可以预见的是，随着生物医学技术的发展，基因测序将变得更为快捷，而由此产生的生物医学大数据无疑将会不断膨胀。

此外，临床医疗、医学研究所产生的数据，也在快速增长。美国的匹斯堡大学医学中心（UPMC）所存储的数据已多达 2 TB。美国的 Explorys 公司，提供平台以托管临床数据、运维数据和财务数据，托管了约 1 300 万人的 4 400 亿条数据，数据规模在 60 TB 左右，在 2013 年已达到 70 TB。另外一家美国公司 Practice Fusion，管理了 2 000 万左右病人的电子病历。

除了这些中小企业，国外著名 IT 公司，如谷歌、微软、IBM 等都先后投入巨资研究计算分析高通量生物大数据相关方法，以求在这个被誉为"下一个互联网"的巨大市场中占有先机。IBM 在 2013 年的策略发布会上预测，随着医学图像和电子病历的激增，利用大数据，医疗专业人士可以从大量数据中提取有用的临床信息，以便更好地了解病史和预测治疗效果，从而改善病人护理，并降低成本。

（五）其他科学数据

随着科学应用程序的增多，数据集的规模也在逐渐扩大，一些学科的发展很大程度上依赖于海量数据的分析。以下列举了不同科学领域的应用，这些领域对数据分析有着同样的需求，且这些需求正不断增加。第一个例子与计算生物学有关。GenBank 数据库是由美国国家生物技术创新中心维护的核苷酸序列数据库。这个数据库的数据每 10 个月就会增加一倍。截至 2009 年 8 月，GenBank 拥有超过 2 500 亿个碱基，分别来自 15 万个不同的生物体。第二个例子与天文学有关。作为天文学界最大的巡天项目，从 1998 年到 2008 年，斯隆数字巡天（SDSS）通过望远镜观测，收集到了 25 TB 数据。随着望远镜分辨率的增加，预计到 2004 年，每晚产生的数据量将超过 20 TB。最后一个应用与高能量物理有关。2008 年年初，欧洲核子研究中心的大型强子对撞机 Atlas 实验以每秒 2 PB 的速度生成原始数据，每年存储约 10 PB 处理的数据。

自然、商业、互联网、政府部门和社会环境之间的普适传感和计算正以前所未有的复杂性生成异构数据。在规模、时间维度、数据种类等方面，这些数据集有其独特的数据特征。如在文献中，记录着与位置、运动、近似度、通信、多媒体、应用程序的使用和音频环境有关的移动数据。根据应用环境和要求，可以将这些数据集分为不同的类别，从而挑选出合适的、可行的大数据解决方案。

二、大数据的采集

作为大数据系统的第二个阶段，大数据的采集包括数据收集、数据传输和数据预处理。在大数据采集过程中，一旦收集到原始数据，就需要利用高效的传输机制将这些数据运送至适当的存储管理系统中，以支持各种不同的分析应用程序。有时收集到的数据集会包含许多毫无意义的数据，这就增加了不必要的存储空间，而且还会对之后的数据分析造成影响。例如，在由监测环境的传感器收集到的数据集中，冗余是一种非常普遍的现象，我们可以利用数据压缩技术来解决这个问题。因此，我们必须进行一些必要的数据预处理操作，以保证高效的数据存储和挖掘。

（一）数据收集

数据收集是指利用专用的数据收集技术从具体的数据生产环境中获取原始数据。以下是四种常见的收集数据的方法。

1. 日志文件

作为广泛采用的数据收集方法之一，日志文件是由数据源系统自动生成的记录文件，用以记录指定的文件格式中的活动，以供后续分析。几乎所有数字装置中的应用程序都会采用日志文件。例如，网站服务器会将所有网站用户的点击次数、点击率、访问量和其他属性记录在日志文件中。在捕捉用户网站活动方面，网站服务器主要有以下三种类型日志文件格式：公用日志文件格式（NCSA）、扩展日志文件格式（W3C）和 IIS 日志文件格式。这三种日志文件都是 ASCII 文本格式的。有时会用数据库，而不是使用文本文件，来存储日志信息，以便提高海量日志存储库的查询效率。还有一些其他基于数据收集的日志文件，其中包括金融应用程序中的股票指标，以及网络监控和交通管理中的工作状况测定等。

2. 传感器

传感器常见于处理日常事务中，主要用于测量物理量，并将物理量转换成可读的数字信号，以供后续处理（可能会进行存储）。根据类型，传感器可分为声波、语音、振动、汽车、化工、电流、天气、压力、温度、近似度等，通过一些沟通媒体，以及有线或无线网络，感知信息将被转移到一个数据采集点。传感器是很容易地部署和管理的应用程序，如视频监控系统，有线传感器网络是一种很方便的解决方案，可以利用它来获取信息。

当某个特定现象的确切位置是未知数时，尤其是要监视的环境不具备能源或通信基础架构时，在能源和通信来源有限的情况下，必须通过无线通信方式来实现传感器节点之间的数据传输。近年来，无线传感器网络（Wireless Sensor Network，WSN）引起了人们广泛的讨论，并已应用于多种应用程序中，如环境研究、水质监测、土木工程、野生动物栖息地的监测等。无线传感器网络通常包含大量空间分布式传感器节点，这些传感器节点都是采用电池供电的微型设备。首先将传感器部署至应用要求所指定的位置，以收集感知数据。其次传感器部署完毕后，基站会将网络设置／管理或收集等指示信息发送至各个传感器节点。基于这些指示信息，检测到的数据被聚集在不同的传感器节点并传回基站，以供进一步处理。

3. 网络数据采集方法

目前网络数据采集主要是采用网络爬虫、分词系统、任务与索引系统等技术进行综合运用来完成的。网络爬虫是搜索引擎使用的一个下载和存储网页的程序。大致来说，网络爬虫从一个初始网页的统一资源定位符（Uniform Resource Locator，URL）开始，按队列进行访问，期间要对所有需要检索的 URL 进行保存和排序。通过这个队列，网络爬虫按优先顺序获得一个 URL，之后下载页面和识别下载页面中的所有 URL，并抽取新的 URL 放入这一队列。这一过程会反复进行，直到网络爬虫发布停止命令。网络爬虫这种数据收集方法广泛应用于基于网页的应用程序中，如搜索引擎或网页缓存系统。传统的网页提取技术具备多种高效的解决方案，人们已对该领域进行了深入的研究。随着更多更先进的网页应用程序的出现，人们又提出了一些提取策略，以应对丰富的互联网应用程序。

目前的网络数据采集技术主要有基于 Libpcap 的传统报文捕获技术和采用零拷贝（Zero-copy，ZC）的报文捕获技术，同时出现了一些专门的网络抓包的软件，如 Wireshark、SmartSniff、WinNetCap 等。

（1）基于 Libpcap 的传统报文捕获技术。Libpcap 是一个广泛使用的与具体系统无关的网络数据包捕获函数库，主要用于捕获数据链路层上的数据，具有简单易用、移植性好的特点。但是它效率不高，在高速网络环境下，会出现严重的丢包现象。

（2）基于零拷贝的报文捕获技术。所谓零拷贝是指在某节点的报文收发过程中不会出现任何内存间的拷贝，发送时数据包由应用程序的用户缓冲区直接经过网络接口到达外部网络，同理，接收时网络接口直接将数据包送入用户缓冲区口。零拷贝的基本思想是，数据报从网络设备到用户程序空间传递的过程中，减少数据拷贝次数；减少系统调用，消除 CPU 在这方面的负载。零拷贝技术首先利用 DMA 技术将网络数据报直接传递到系统内核预先分配的地址空间中，避免 CPU 的参与。同时，将系统内核中存储数据报的内存区域映射到检测程序的应用程序空间，或者在用户空间建立一块缓存，并将其映射到内核空间，检测程序直接对这块内存进行访问，从而减少了系统内核向用户空间的内存拷贝，同时减少了系统调用的开销。

（3）移动设备。如今，人们在日常生活中越来越频繁地使用移动设备。随着移动设备的发展，其功能越来越强大，采集数据的方式和所能采集数据的种类也更加繁多。移动设备通过定位系统，可以采集地理位置信息；通过麦克风，可以采集音频信息；通过摄像头，可以采集图片、视频、街景、二维码等多媒体信息；通过触摸屏和重力感应等功能，可以采集用户的手势以及其他肢体动作信息。多年来，无线运营商通过移动设备采集和分析这些信息来提升移动互联网的服务水平。iPhone 本身就是一个"移动间谍"，在用户不知情的情况下收集无线数据和地理位置信息，然后传回苹果公司进行处理。除了苹果，谷歌的安卓和微软的 Windows Phone 智能手机操作系统也在采集类似信息。

除上述三大主要数据来源的数据收集方法外，还有许多其他数据收集方法或系统。例如，在科学实验领域，人们利用许多专业工具来收集实验数据，如磁谱仪、无线电天文望远镜。我们可以从不同的角度对数据收集方法进行分类。从数据源的角度来看，数据收集方法可分为两大类：通过数据源记录的收集方法和通过其他辅助工具记录的收集方法。

（二）数据传输

在完成原始数据的采集后，就需要将这些数据转移到数据存储基础构架中，以供后续处理和分析。大数据主要存储在数据中心，此外，为改善计算效率或硬件维护，有必要对数据布局进行调整。换句话说，数据中心可能存在内部数据传输。因此，数据传输这一任务可分为两个阶段：外部传输和内部传输。

1.外部传输

外部传输是指从数据源到数据中心基础架构这一传输过程，通常是在当前物理网络基础架构的协助下完成的。由于流量需求的快速增长，全球大部分地区的物理网络基础架构都是由大容量、高速率、高性价比的光纤传输系统组成的。为了对光纤网络进行智能控制和管理，在过去的 20 年间，人们研发了一些高级的管理设备和技术，如基于 IP 的波分复用（Wavelength Dirision Multiplexing，WDM）网络架构。波分复用是指将多种不同波长的光载波信号经复用器汇合在一起并耦合到光线路的同一根光纤中进行传输的技术。在这种技术中，不同波长的激光携带有不同的信号。到目前为止，骨干网中已经部署有单通道速率高达 40 Gb/s 的波分复用光传输系统，现在已有 100 Gb/s 的商用化接口，预计很快就会实现 100 Gb/s 速率的系统，在不久的将来，我们甚至能预见 TB/s 级的传输速率。然而，传统的光传输技术受到电子瓶颈带宽的限制，随着传输速度的加快，物理性损害变得更为严重。最近，首次出现在无线系统中的正交频分复用（Orthogonal Frequency Division Multiplexing，OFDM），已被认为是未来高速光传输技术的主要候选技术之一。正交频分复用是一种多载波并行传输技术，通过将高速的数据流分割成若干个正交子信道，将高速的信号转换成低速子数据流进行传输。与波分复用系统固定的信道间隔的特征相比，正交频分复用允许各个子信道频谱重叠，是一种灵活、敏捷和高效的光网络技术。目前，人们已为各种正交频分复用系统的实施做出了大量努力，然而，还需要进行更多的研究，以解决遗留的问题和充分发挥正交频分复用系统的所有潜力。

2. 内部传输

内部传输是指数据中心内的数据通信流，内部传输取决于数据中心的通信机制（物理连接板、芯片和数据服务器内存、数据中心网络架构和通信协议）。

数据中心由多个服务器集合机架组成，通过数据中心内部网络进行连接。当前的大多数数据中心内部网络都是基于商品交换来构建标准的胖树型（Fat-tree）2层或3层拓扑结构的。在2层拓扑结构中，首先服务器集合机架通过1 Gb/s顶级机架交换机（TOR）连接，其次再通过拓扑结构中的10 Gb/s聚合交换机对这些顶级机架交换机进行连接。3层拓扑结构在2层拓扑结构的顶部添加一层，这一层由10 Gb/s或100 Gb/s的核心交换机组成，用以连接拓扑结构中的聚合交换机。还有一些其他旨在提高数据中心网络的拓扑结构。由于电子分组交换机的不足，很难在降低能耗的同时增加通信带宽。近年来光学技术在电信网络的巨大成功，使得数据中心网络的光互联引起了人们的极大关注，光互联被认为是一种高吞吐量、低延迟、低能耗的解决方案。目前，光学技术只被用于数据中心的点至点链接中。这些链接是基于低成本的多模光纤（MMF）来实现交换机的连接的，带宽高达10 Gb/S。数据中心网络的光互联（在光域进行切换）是一个可行的解决方案，光互联能够提供Tb/s级的传输带宽，还能减少能源消耗。最近人们又为数据中心网络提出了许多光互联方案，有些方案添加了光路，以对现有网络进行升级，而其他方案则完全替换了当前的交换机。然而，为了使这些新技术日臻完善，还需要做出更多的努力。作为一种强化技术，可以在60 GHz频段中接入无线链路，以增强有线链接。在提高数据中心网络效率和利用率方面，网络虚拟化技术也是一种值得考虑的技术。

（三）数据预处理

由于数据源的多样性，就噪声、冗余、冲突等来说，可能会收集到不同质量级别的数据集，存储无意义的数据无疑是一种浪费。此外，一些数据分析方法对数据质量有严格的要求。因此，多数情况下，有必要对数据进行预处理，数据预处理旨在集成不同数据源的数据，以实现有效的分析。它不仅降低了存储开销，还提高了分析准确度。下面列出一些关系型数据预处理技术。

1. 数据集成

数据集成是现代商业信息学的基石，涉及不同来源数据的结合，为用户提供统一的数据视图。在传统的数据库研究中，这是一个成熟的研究领域。从历史上看，有两种方法已经获得了认可：数据仓库和数据联邦。其中，数据仓库也称为ETL，包括三个步骤：提取、转换和加载。提取步骤包括连接到源系统、选择和收集分析处理所必需的数据。转换步骤包括执行一系列的规则，以将所提取的数据转换为标准格式。加载步骤是指将提取和转换的数据导入目标存储基础架构中。加载步骤最复杂，包括许多操作，如转换、复制、清除、规范、筛选、整理等。通过创建一个虚拟的数据库，可以查询和聚合来自不同数据源的数据。虚拟数据库本身不包含数据，相反，它包含有关实际数据及其位置的信息或元数据。这两种"存储 - 读取"方式不适用于数据流或搜索应用程序的高性能需求，与查询相比，这两种方法中的数据更加动态化，且必须在传输过程中进行处理。在一般情况下，数据集成方法通常伴随有流处理引擎和搜索引擎。

2. 数据清理

数据清理是一个识别不准确、不完整或不合理的数据，然后对其进行修改或删除，以提高数据质量的过程。数据清理的总体框架包括五个互补性步骤：定义和确定错误类型、搜索和识别错误情况、纠正错误、识别文件错误实例和错误类型，以及修改数据录入程序，以减少未来的错误。在数据清理的过程中，应进行格式检查、完整性检查、合理性检查和限制检查。数据清理对保持数据的一致性和数据的不断更新至关重要，数据清理被广泛应用于许多领域，如银行、保险、零售、电信、交通等领域。

3. 数据冗余

数据冗余是指数据的重复或多余，这种现象常见于各种数据集中。数据冗余会增加不必要的数据传输开销，并给存储系统带来缺陷，如存储空间的浪费，从而导致数据的不一致，数据的可靠性降低，并会导致数据损坏。因此，学者们提出了各种冗余度缩减方法，如冗余检测、数据过滤和数据压缩。这些方法可用于不同的数据集或应用环境，并能获得大量的回报；同时，也会带来一些额外的负面因素。例如，数据压缩方法在数据压缩和解压过程中会带来额外的计算负担。我们应该在冗余缩减的益处和随之而来的负担之间做出一个权衡。

从不同领域收集到的数据将会越来越多地以图像或视频格式出现。众所周知，原始图像和视频文件中隐藏着大量的冗余信息，其中包括时间冗余、空间冗余、统计冗余和感知冗余。视频压缩技术被广泛用于减少视频数据中的冗余。人们已经制定了许多重要标准来减轻传输和存储的负担。

对于普遍化的数据传输或存储而言，重复数据删除是一种专门的数据压缩技术，该技术能够消除重复数据副本。在重复数据删除过程中，将会为单一的数据块或数据段指定标识符（如利用散列算法）并进行存储，识别符将被添加到识别列表中。随着重复数据删除分析的继续，如果新的数据块与识别符结合，而这一识别符已存在识别列表中，则这一新数据块被视为冗余数据块，将会被已存储的数据块取代。这样，只会有一个给定的数据被保存下来。重复数据删除技术可以大大降低存储空间，对大数据存储系统尤其重要。

除上述数据预处理方法外，还需对特定的数据对象进行一些其他操作，如特征提取，这种操作在多媒体搜索、DNA 分析等方面起着关键的作用。通常情况下，我们会使用高维特征矢量（或高位特征点）来描述这些数据对象，系统会将这些高维特征矢量存储起来以供检索。数据转换通常用来处理分布式异构数据源，尤其适用于业务数据集。事实上，鉴于数据集种类之广，不可能创建出一个适用于所有数据集的统一数据预处理程序和技术，而需要综合考虑数据集的特征、要解决的问题、性能要求和其他因素，才能够选择出一种合适的数据预处理方案。

第二节 大数据存储技术

一、大数据存储面临的问题及挑战

存储本身就是大数据中一个很重要的组成部分，或者说存储在每一个数据中心中都是一个重要的组成部分。大数据的到来，对于结构化、非结构化、半结构化的数据存储呈现出新的要求，特别对统一存储也有了新变化。

对于企业来说，数据对于战略和业务连续性都非常重要。然而，大数据集容易消耗巨大的时间和成本，从而造成非结构化数据的雪崩。即合适的存储解决方案的重要性不能被低估。如果没有合适的存储，就不能轻松访问或部署大量数据。

如何平衡各种技术，以支持战略性存储并保护企业的数据？组成高效的存储系统的因素是什么？通过将数据与合适的存储系统相匹配，以及考虑何时、如何使用数据，企业机构可确保存储解决方案支持，而不是阻碍关键业务驱动因素（如效率和连续性）。通过这种方式，企业可自信地引领这个包含大量、广泛信息的新时代。

（一）数据存储面临的问题

数据存储主要面临三类典型的大数据问题：

第一，联机事务处理（On-line Transaction Processing，OLTP）系统中的数据表格子集太大，计算需要的时间长，处理能力低。

第二，联机分析处理（On-line Analytical Processing，OLAP）系统在处理分析数据的过程中，在子集之上用列的形式去抽取数据，时间太长，分析不出来，不能做比对分析。

第三，典型的非结构化数据，每一个数据块都比较大，带来了存储容量、存储带宽、I/O 瓶颈等一系列问题，像网游、广电的数据存储在自己的数据中心里，资源耗费很大，交付周期太长，效率低下。

联机事物处理也被称为实时系统，最大的优点就是可以即时地处理输入的数据，及时地回答。这在一定程度上对存储系统的要求很高，需要一级主存储，具备高性能、高安全性、良好的稳定性和可扩展性，对于资源能够实现弹性配置。现在比较流行的是基于控制器的网络架构，网格概念使得架构得以横向扩展（Scale-out），解决了传统存储架构的性能热点和瓶颈问题，并使存储可靠性、管理性、自动化调优达到了一个新的水平。像 IBM 的 XIV、易安信的 VMAX、惠普的 3PAR 系列、戴尔的 Equal Logic 都是这一类产品的典型代表。

联机分析处理是数据仓库系统的主要应用，也是商业智能的灵魂。联机分析处理的主要特点是，可以直接仿照用户的多角度思考模式，预先为用户组建多维的数据模型，展现在用户面前的是一幅幅多维视图，也可以对海量数据进行比对和多维度分析，处理数据量非常大，很多是历史型数据，对跨平台能力要求高。联机分析处理的发展趋势是从传统的批量分析，到近线（近实时）分析，再向实时分析发展。

目前，解决商业智能挑战的策略主要分为两类：①通过列结构数据库，解决表结构数据库带来的联机分析处理性能问题，典型的产品如易安信的 Greenplum、IBM 的 Netezza；②通过开源，解决云计算和人机交互环境下的大数据分析问题，如 VMwareCeta、Hadoop 等。

从存储角度，联机分析处理通常处理结构化、非结构化和半结构化数据。这类分析适用于大容量、大吞吐量的存储（如统一存储）。此外，商业智能分析在欧美市场是云计算含金量最高的云服务形式之一。对欧美零售行业来说，圣诞节前后 8 周销售额可占一年销售额的 30% 以上。如何通过云计算和大数据分析，在无须长期持有 IT 资源的前提下，从工资收入、采购习惯、家庭人员构成等商业智能分析，判断出优质客户可接受的价位和服务水平，提高零售高峰期资金链、物流链周转效率，最大化销售额和利润，就是一个最典型的大数据分析云服务的例子。

对于富媒体应用来说，数据压力集中在生产和制造的两头，如做网游，需要一个人做背景，一个人做配音，一个人做动作、渲染等，最后需要一个人把它们全部整合起来。在数据处理过程中，一般情况下一个文件大家同时去读取，对文件并行处理能力要求高，通常需要能支撑大块文件在网上传输。针对这类问题，集群网络附加存储是存储首选，在集群网络附加存储中，最小的单位个体是文件，通过文件系统的调度算法，其可以将整个应用隔离成较小且并行的独立任务，并将文件数据分配到各个集群节点上。集群网络附加存储和 Hadoop 分布式文件系统的结合，对于大型的应用具有很高的实用价值。典型的例子是 Isikm OS 和 Hadoop 分布式文件系统集成，常被应用于大型的数据库查询、密集型的计算、生命科学、能源勘探以及动画制作等领域。常见的集群网络附加存储产品有易安信的 Isilon、惠普的 Ibrix 系列、IBM 的 So 网络附加存储、NetApp 的 OntapGX 等。

非结构数据的增长非常迅速，除了新增的数据量，还要考虑数据的保护。来来回回的备份，数据就增长了好几倍，数据容量的增长给企业带来了很大的压力。如何提高存储空间的使用效率和如何降低需要存储的数据量，也成为企业绞尽脑汁要考虑的问题。

应对存储容量有一些优化的技术，如重复数据删除（适用于结构化数据）、自动精简配置和分层存储等技术，都是提高存储效率最重要、最有效的技术手段。如果没有虚拟化，存储利用率只有 20% ～ 30%，通过使用这些技术，利用率提高到了 80%，可利用容量增加一倍不止。结合重复数据删除技术，备份数据量和带宽资源需求可以减少 90% 以上。

当下，云存储的方式在欧美市场上的应用很广泛，大数据用云的形式去交付有两个优势：面对好莱坞的电影制作商，这些资源是黄金数据，如果不想放在自己的数据中心里，可把它们归档在云上，到时再进行调用；此外，越来越多的企业将云存储作为资源补充，以提高持有 IT 资源的利用率。

无论是大数据还是小数据，企业最关心的是处理能力，以及如何更好地支撑 IT 应用的性能。所以，企业做大数据时，要把大数据问题进行分类，弄清究竟是哪一类的问题，和企业的应用做一个衔接和划分。

（二）大数据存储不容忽视的问题

1. 容量问题

这里所说的大容量通常可达到 PB 级的数据规模，因此，海量数据存储系统也一定要有相应等级的扩展能力。与此同时，存储系统的扩展一定要简便，可以通过增加模块或磁盘柜来增加容量，甚至不需要停机。基于这样的需求，客户现在越来越青睐横向扩展架构的存储。横向扩展集群结构的特点是每个节点除了具有一定的存储容量之外，内部还具备数据处理能力以及互联设备，与传统存储系统的烟囱式架构完全不同，横向扩展架构可以实现无缝平滑的扩展，避免存储孤岛。

大数据应用除了数据规模巨大之外，还意味着拥有庞大的文件数量。因此如何管理文件系统层累积的元数据是一个难题，处理不当的话会影响到系统的扩展能力和性能，而传统的网络附加存储系统就存在这一瓶颈。所幸的是，基于对象的存储架构就不存在这个问题，它可以在一个系统中管理十亿级别的文件数量，而且还不会像传统存储一样遭遇元数据管理的困扰。基于对象的存储系统还具有广域扩展能力，可以在多个不同的地点部署并组成一个跨区域的大型存储基础架构。

2. 延迟问题

大数据应用还存在实时性的问题，特别是涉及与网上交易或者金融类相关的应用时。举个例子来说，网络成衣销售行业的在线广告推广服务需要实时地对客户的浏览记录进行分析，并准确地进行广告投放。这就要求存储系统在必须能够支持上述特性的同时保持较高的响应速度，因为响应延迟会导致系统推送"过期"的广告内容给客户。这种场景下，横向扩展架构的存储系统就可以发挥出优势，因为它的每一个节点都具有处理和互联组件，在增加容量的同时处理能力也可以同步增长。而基于对象的存储系统则能够支持并发的数据流，从而进一步提高数据吞吐量。

有很多大数据应用环境需要较高的每秒进行读写操作的次数（IOPS）性能，如 HPC 高性能计算。此外，服务器虚拟化的普及也导致了对高每秒进行读写操作的次数（Input/Output Operations Per Second，IOPS）的需求，正如它改变了传统 IT 环境一样。为了迎接这些挑战，各种模式的固态存储设备应运而生，小到简单的在服务器内部做高速缓存，大到全固态介质的可扩展存储系统等都在蓬勃发展。

3. 并发访问问题

一旦企业认识到大数据分析应用的潜在价值，它们就会将更多的数据集纳入系统进行比较，同时让更多的人分享并使用这些数据。为了创造更多的商业价值，企业往往会综合分析那些来自不同平台下的多种数据对象。包括全局文件系统在内的存储基础设施就能够帮助用户解决数据访问的问题，全局文件系统允许多个主机上的多个用户并发访问文件数据，而这些数据则可能存储在多个地点的多种不同类型的存储设备上。

4. 安全问题

某些特殊行业的应用，如金融数据、医疗信息以及政府情报等都有自己的安全标准和保密性需求。虽然对于 IT 管理者来说这些并没有什么不同，而且都是必须遵从的，但是大数据分析往往需要多类数据相互参考，而在过去并不会有这种数据混合访问的情况，因此大数据应用也催生出一些新的、需要考虑的安全性问题。

5. 成本问题

成本问题"大"，也可能意味着代价不菲。而对于那些正在使用大数据环境的企业来说，成本控制是关键的问题。想控制成本，就意味着我们要让每一台设备都实现更高的"效率"，同时还要减少那些昂贵的部件。目前，像重复数据删除等技术已经进入主存储市场，而且现在还可以处理更多的数据类型，这都可以为大数据存储应用带来更多的价值，提升存储效率。在数据量不断增长的环境中，通过减少后端存储的消耗，哪怕只是降低 1 个百分点，都能够获得明显的投资回报。此外，自动精简配置、快照和克隆技术的使用也可以提升存储的效率。

很多大数据存储系统都包括归档组件，尤其对那些需要分析历史数据或需要长期保存数据的机构来说，归档设备必不可少。从单位容量存储成本的角度看，磁带仍然是最经济的存储介质，事实上，在许多企业中，使用支持 TB 级大容量磁带的归档系统仍然是事实上的标准和惯例。

对成本控制影响最大的因素是那些商业化的硬件设备。因此，很多初次进入这一领域的用户以及那些应用规模最大的用户，都会定制他们自己的"硬件平台"，而不是用现成的商业产品，这一举措可以用来平衡他们在业务扩展过程中的成本控制战略。为了适应这一需求，现在越来越多的存储产品都提供纯软件的形式，可以直接安装在用户已有的、通用的或者现成的硬件设备上。此外，很多存储软件公司还在销售以软件产品为核心的软硬一体化装置，或者与硬件厂商结盟，推出合作型产品。

6. 数据的积累问题

许多大数据应用都会涉及法规遵从问题，这些法规通常要求数据要保存几年或者几十年。如医疗信息通常是为了保证患者的生命安全，而财务信息通常要保存 7 年。而有些使用大数据存储的用户却希望数据能够保存更长的时间，因为任何数据都是历史记录的一部分，而且数据的分析大都是基于时间段进行的。要实现长期的数据保存，就要求存储厂商开发出能够持续进行数据一致性检测的功能以及其他保证长期高可用的特性，同时还要实现数据直接在原位更新的功能需求。

7.灵活性问题

大数据存储系统的基础设施规模通常都很大，因此必须经过仔细设计，才能保证存储系统的灵活性，使其能够随着应用分析软件一起扩容及扩展。在大数据存储环境中，已经没有必要再做数据迁移了，因为数据会同时保存在多个部署站点。一个大型的数据存储基础设施一旦开始投入使用，就很难再调整了，因此它必须能够适应各种不同的应用类型和数据场景。

8.应用感知问题

最早一批使用大数据的用户已经开发出了一些针对应用的定制的基础设施，如针对政府项目开发的系统，还有大型互联网服务商创造的专用服务器等。在主流存储系统领域，应用感知技术的使用越来越普遍，它也是改善系统效率和性能的重要手段，所以，应用感知技术也应该用在大数据存储环境里。

9.小用户问题

依赖大数据的不仅仅是那些特殊的大型用户群体，作为一种商业需求，小型企业未来也一定会应用到大数据。我们看到，有些存储厂商已经在开发一些小型的大数据存储系统，主要是为了吸引那些对成本比较敏感的用户。

（三）数据存储技术面临的挑战

大数据对于各方厂商都是新的战场，其中也包含了存储厂商，易安信买下数据存储软件公司 Greenplum 就是一例。数据存储的确是可应用大数据的主力。不过，对于数据存储厂商来说，还是有不少挑战存在，如他们必须要强化关联式数据库的效能，增加数据管理和数据压缩的功能。

因为过往关系型数据库产品处理大量数据时的运算速度都不快，需要引进新技术来加速数据查询的功能。另外，数据存储厂商也开始尝试不只采用传统硬盘来存储数据，像使用快速闪存的数据库、闪存数据库等，都逐渐产生。传统关系型数据库无法分析非结构化数据，因此，并购具有分析非结构化数据的厂商以及数据管理厂商，是目前数据存储大厂扩展实力的方向。

数据管理的影响主要是数据安全的考量。大数据对于存储技术与资源安全也都会产生冲击。快照、重复数据删除等技术在大数据时代都很重要，就衍生了数据权限的管理。举例来说，现在企业后端与前端所看到的数据模式并不一样，当企业要处理非结构化数据时，就必须制定出数据管理者是 IT 部门还是业务单位。由于这牵涉的不仅是技术问题，还有公司政策的制定，因此界定出数据管理者是企业目前最头痛的问题。

1.数据存储多样化

管理大数据的关键是制定战略，以高自动化、高可靠、高成本效益的方式归档数据。大数据现象意味着企业机构应对大量数据以及各种数据格式的挑战。多样化作为有效方式而在各行各业兴起，是一种涉及各种产品来支持数据管理战略的数据存储模式。这些产品包括自动化、磁盘和重复数据删除、软件，以及备份和归档。支撑这一方式的原则就是，特定类型的数据坚持使用合适的存储介质。

2. 大数据管理需要各种技术

首席信息官应关注的一个具体领域是，备份和归档的方法，因为这是在业务环境中将不同类型文件区分开来的最明显的方式。当企业需要迅速、经常访问数据时，那么基于磁盘的存储就是最合适的。这种数据可定期备份，以确保其可用性。相比之下，随着数据越来越老旧，并且不常被访问，企业可通过将较旧的数据迁移到较低端的磁盘或磁带中而获得大量成本优势，从而释放昂贵的主存储。

通过将较旧的数据迁移到这些媒介类型中，企业降低了所需的磁盘数量。归档是全面、高成本效益数据存储解决方案的关键组成部分。这种多样化的模式对于那些需要高性能和最低长期存储成本的企业机构是非常有用的。根据数据使用情况而区分出格式，企业可优化其操作工作流程。这样，可更好地导航大数据文件，轻松传输媒体内容或操纵尺型分析数据文件，存储在最适合自身格式和使用模式的介质中。

如果企业希望将其 IT 基础设施变成企业目标提供价值的事物，而不只是作为让员工和流程都放缓速度的成本中心，那么数据存储解决方案中的多样化就非常重要。一个考虑周全的技术组合，再加上备份与归档的核心方法，可节约 IT 资源，减少 IT 人员的压力，并随着企业需求而扩容。

（四）存储技术趋势预测与分析

面对不断出现的存储需求新挑战，我们该如何把握存储的未来发展方向呢？下面我们分析一下存储的未来技术趋势。

1. 存储虚拟化

存储虚拟化是目前以及未来的存储技术热点，它其实并不算是什么全新的概念，磁盘阵列、LVM、SWAP、VM、文件系统等这些都归属于其范畴。存储的虚拟化技术有很多优点，如提高存储利用效率和性能，简化存储管理复杂性，降低运营成本，绿色节能等。

现代数据应用在存储容量、I/O 性能、可用性、可靠性、利用效率、管理、业务连续性等方面，对存储系统不断提出更高的需求，基于存储虚拟化提供的解决方案可以帮助数据中心应对这些新的挑战，如有效整合各种异构存储资源，消除信息孤岛，保持高效数据流动与共享，合理规划数据中心扩容，简化存储管理等。

目前最新的存储虚拟化技术有分级存储管理（HSM）、自动精简配置（Thin Provision）、云存储（Cloud Storage）、分布式文件系统，还有诸如动态内存分区、存储区域网络与网络附加存储虚拟化。

虚拟化可以柔性地解决不断出现的新存储需求问题，因此我们可以断言存储虚拟化仍将是未来存储的发展趋势之一，当前的虚拟化技术会得到长足发展，未来新虚拟化技术将层出不穷。

2. 固态硬盘

固态硬盘（Solid State Drive，SSD）是目前倍受存储界广泛关注的存储新技术，它被看作一种革命性的存储技术，可能会给存储行业甚至计算机体系结构带来深刻变革。

在计算机系统内部，L1 Cache、L2 Cache、总线、内存、外存、网络接口等存储层次之间，目前来看内存与外存之间的存储鸿沟最大，磁盘 I/O 通常成为系统性能瓶颈。

固态硬盘与传统磁盘不同，它是一种电子器件而非物理机械装置，具有体积小、能耗小、抗干扰能力强、寻址时间极小（甚至可以忽略不计）、IOPS 高、I/O 性能高等特点。因此，固态硬盘可以有效缩短内存与外存之间的存储鸿沟，计算机系统中原本为解决 I/O 性能瓶颈的诸多组件和技术的作用将变得越来越微不足道，甚至最终将被淘汰出局。

试想，如果固态硬盘性能达到内存甚至 L1 Cache/L2 Cache，后者的存在还有什么意义，数据预读和缓存技术也将不再需要，计算机体系结构也将会随之发生重大变革。对于存储系统来说，固态硬盘的最大突破是大幅提高了 IOPS，摩尔定律的效力再次显现，通过简单地用固态硬盘替换传统磁盘，就可能达到和超越综合运用缓存、预读、高并发、数据局部性、磁盘调度策略等软件技术的效用。

固态硬盘目前对 IOPS 要求高的存储应用最为有效，主要是大量随机读写应用，这类应用包括互联网行业和内容分发网络（CDN）行业的海量小文件存储与访问（图片、网页）、数据分析与挖掘领域的联机事物处理等。固态硬盘已经开始被广泛接受并应用，当前主要的限制因素包括价格、使用寿命、写性能抖动等。从最近两年的发展情况来看，这些问题都在不断地改善和解决，固态硬盘的发展和广泛应用将势不可挡。

3. 重复数据删除

重复数据删除是一种目前主流且非常热门的存储技术，可对存储容量进行有效优化。它通过删除数据集中重复的数据，只保留其中一份，从而消除冗余数据。这种技术可以很大程度上减少对物理存储空间的需求，从而满足日益增长的数据存储需求。

重复数据删除技术可以帮助众多应用降低数据存储量，节省网络带宽，提高存储效率，减小备份窗口，节省成本。重复数据删除技术目前大量应用于数据备份与归档系统，因为对数据进行多次备份后，存在大量重复数据，非常适合这种技术。

事实上，重复数据删除技术可以用于很多场合，包括在线数据、近线数据、离线数据存储系统，可以在文件系统、卷管理器、网络附加存储、存储区域网络中实施。重复数据删除技术也可以用于数据容灾、数据传输与同步，作为一种数据压缩技术可用于数据打包。

为什么重复数据删除技术目前主要应用于数据备份领域，而其他领域应用较少呢？这主要是由两方面的原因决定的：一是数据备份应用数据重复率高，非常适合重复数据删除技术；二是重复数据删除技术的缺陷（主要是数据安全、性能）。重复数据删除使用哈希（Hash）指纹来识别相同数据存在产生数据碰撞并破坏数据的可能性。重复数据删除需要进行数据块切分、数据块指纹计算和数据块检索，消耗可观的系统资源，对存储系统性能产生影响。

信息呈现的指数级增长方式给存储容量带来巨大的压力，而重复数据删除是最为行之有效的解决方案，固然其有一定的不足，但它大行其道的技术趋势无法改变。更低碰撞概率的哈希函数、多核、GPU、固态硬盘等，这些技术推动重复数据删除走向成熟，由作为一种产品而转向作为一种功能，逐渐应用到近线和在线存储系统。动态文件系统（ZFS）已经原生地支持重复数据删除技术，我们相信将会不断有更多的文件系统、存储系统支持这一功能。

4. 云存储

云存储即存储即服务（DaaS），专注于向用户提供以互联网为基础的在线存储服务。它的特点表现为弹性容量（理论上无限大）、按需付费、易于使用和管理。

云存储主要涉及分布式存储（如分布式文件系统、IP存储区域网络、数据同步、复制）、数据存储（如重复数据删除、数据压缩、数据编码）和数据保护（如磁盘阵列、CDP、快照、备份与容灾）等技术领域。

从专业机构的市场分析预测和实际的发展情况来看，云存储的发展如火如荼，移动互联网的迅猛发展也起到了推波助澜的作用。目前典型的云存储服务主要有亚马逊简易储存服务、谷歌存储、微软 SkyDrive、易安信 Atmos/Mozy、Dropbox、Syncplicity、百度网盘、新浪微盘、腾讯微云、天翼云、和彩云、沃家云盘、联想网盘、华为网盘、360 云盘等。

私有云存储目前发展情况不错，但是公有云存储发展不顺，用户仍持怀疑和观望态度。目前影响云存储普及应用的主要因素有性能瓶颈、安全性、标准与互操作、访问与管理、存储容量和价格。云存储终将离我们越来越近，这个趋势是毋庸置疑的，但终究还有多远？则由这些问题的解决程度决定。云存储将从私有云逐渐走向公有云，满足部分用户的存储、共享、同步、访问、备份需求，但是试图解决所有的存储问题也是不现实的，尽管如此，云存储发展将进入一个崭新的发展阶段。

5. 家庭或个人存储

现代家庭中拥有多台 PC、笔记本电脑、上网本、平板电脑或多部智能手机，这种情况已经非常普遍，这些设备将组成家庭网络。家庭或个人（Small Officeand Home Office，SOHO）存储的数据主要来自个人文档、工作文档、软件与程序源码、电影与音乐、自拍视频与照片，部分数据需要在不同设备之间共享与同步，重要数据需要备份或者在不同设备之间复制多份，需要在多台设备之间协同搜索文件，需要多设备共享的存储空间等。随着手机、数码相机和摄像机的普及以及数字化技术的发展，以多媒体存储为主的家庭或个人存储需求日益突现。

二、存储技术

（一）存储概述

存储基础设施投资将提供一个平台，通过这个平台，企业能够从大数据中提取出有价值的信息。从大数据中能得出的对消费者行为、社交媒体、销售数据和其他指标的分析，将直接关联到商业价值。随着大数据对企业发展带来的积极影响，越来越多的企业将利用大数据，以及寻求适用于大数据的数据存储解决方案。而传统数据存储解决方案（如网络附加存储或存储区域网络）无法扩展或者提供处理大数据所需要的灵活性。

大数据场景下，数据量呈爆发式增长，存储能力的增长远远赶不上数据的增长，几十或几百台大型服务器都难以满足一个企业的数据存储需求。为此，大数据的存储方案是采用成千上万台的廉价 PC 来存储数据以降低成本，同时提供高扩展性。

考虑到系统由大量廉价易损的硬件组成，需要保证文件系统整体的可靠性。为此，大数据的存储方案通常对同一份数据在不同节点上存储三份副本，以提高系统容错性。此外，借助分布式存储架构，可以提供高吞吐量的数据访问能力。

在大数据领域中，较为出名的海量文件存储技术有谷歌文件系统（Google File System，GFS）和 Hadoop 的分布式文件系统，分布式文件系统是谷歌文件系统的开源实现。它们均采用分布式存储的方式存储数据，用冗余存储的模式保证数据可靠性，文件块被复制存储在不同的存储节点上，默认存储三份副本。

当处理大规模数据时，数据一开始在磁盘还是在内存，计算的时间开销相差很大，很好地理解这一点相当重要。

磁盘组织成块结构，每个块是操作系统用于在内存和磁盘之间传输数据的最小单元。例如，Windows 操作系统使用的块大小为 64 KB（即 $216=65\ 536$ 字节），需要大概 10 ms 的时间来访问（将磁头移到块所在的磁道并等待在该磁头下进行块旋转）和读取一个硬盘块。相对于从内存中读取一个字的时间，磁盘的读取延迟大概要慢 5 个数量级。因此，如果只需要访问若干字节，那么将数据放在内存中将具压倒性优势。实际上，假如我们要对一个磁盘块中的每个字节做简单的处理，如将块看成哈希表中的桶。我们要在桶的所有记录当中寻找某个特定的哈希键值，那么将块从磁盘移到内存的时间会大大高于计算的时间。

我们可以将相关的数据组织到磁盘的单个柱面（Cylinder）上，因为所有的块集合都可以在磁盘中心的固定半径内到达，因此不通过移动磁头就可以访问，这样可以以每块显著小于 10 ms 的速度将柱面上的所有块读入内存。假设无论数据采用何种磁盘组织方式，磁盘上数据到内存的传送速度不可能超过 100 MB/s。当数据集规模仅为 1 MB 时，这不是个问题，但是，当数据集在 100 GB 或者 TB 规模时，仅仅进行访问就存在问题，更何况还要利用它来做其他有用的事情了。

数据存储和管理是一切与数据有关的信息技术的基础。数据存储的实现以二进制计算机的发明为起点，二进制计算机实现了数据在物理机器中的表达和存储。自此以后，数据在计算机中的存储和管理经历了从低级到高级的演进过程。数据存储和管理发展到数据库技术的出现已经实现了数据的快速组织、存储和读取，但是不同数据库的数据存储结构各不相同，彼此之间相互独立。于是如何有机地聚焦、整合多个不同运营系统产生的数据便成了数据分析发展的"新瓶颈"。

在信息化时代，不管大小企业都非常重视企业的信息化网络。每个企业都想拥有一个安全、高效、智能化的网络，来实现企业的高效办公。而在这些信息化网络中，存储又是网络的重中之重，它对企业的数据安全起着决定性作用。

如今，科技发展日新月异，存储技术不仅越来越完善，而且各式各样。不管何种存储技术，都是数据存储的一种方案。数据存储是数据流在加工过程中产生的临时文件或加工过程中需要查找的信息。数据以某种格式记录在计算机内部或外部存储介质上。数据存储要命名，这种命名要反映信息特征的组成含义。数据流反映了系统中流动的数据，表现出动态数据的特征；数据存储反映了系统中静止的数据，表现出静态数据的特征。各式各样的存储技术，其实就是现实数据存储方式不一样，本质和目的都是一样的。

（二）六大存储技术

如今，占据主流市场的有六大存储技术：直接附加存储、磁盘阵列、网络附加存储、存储区域网络、IP 存储、iSCSI 网络存储。

1. 直接附加存储

直接附加存储（Direct Attached Storage，DAS）方式与我们普通的 PC 存储架构一样，外部存储设备都是直接挂接在服务器内部总线上的，数据存储设备是整个服务器结构的一部分。

直接附加存储方式主要适用以下环境。

（1）小型网络。因为小型网络的规模和数据存储量较小，且结构不太复杂，采用直接附加存储方式对服务器的影响不会很大，且这种存储方式也十分经济，适合拥有小型网络的企业用户。

（2）地理位置分散的网络。虽然企业总体网络规模较大，但在地理分布上很分散，通过存储区域网络或网络附加存储在它们之间进行互联非常困难，此时各分支机构的服务器也可采用直接附加存储方式，这样可以降低成本。

（3）特殊应用服务器。在一些特殊应用服务器上，如微软的集群服务器或某些数据库使用的原始分区，均要求存储设备直接连接到应用服务器上。

2. 磁盘阵列

磁盘阵列（Redundant Arrayof Inexpensive Disks，RAID）有"价格便宜且多余的磁盘阵列"之意，其原理是利用数组方式制作磁盘组，配合数据分散排列的设计，提升数据的安全性。磁盘阵列由很多便宜、容量较小、稳定性较高、速度较慢的磁盘组合成一个大型的磁盘组，利用个别磁盘提供数据所产生的加成效果来提升整个磁盘系统的效能。同时在储存数据时，利用这项技术将数据切割成许多区段，分别存放在各个硬盘上。

磁盘阵列技术主要包含 RAID 0 ～ RAID 7 等数个规范，它们的侧重点各不相同。

（1）RAID 0

RAID 0 连续以位或字节为单位分割数据，并行读 / 写于多个磁盘上，因此具有很高的数据传输率，但它没有数据冗余，因此并不能算是真正的磁盘阵列结构。RAID 0 只是单纯地提高性能，并没有为数据的可靠性提供保证，而且其中的一个磁盘失效将影响到所有数据。因此，RAID 0 不能应用于数据安全性要求高的场合。

（2）RAID 1

RAID 1 是通过磁盘数据镜像实现数据冗余，在成对的独立磁盘上产生互为备份的数据。当原始数据繁忙时，可直接从镜像拷贝中读取数据，因此 RAID 1 可以提高读取性能，RAID 1 是磁盘阵列中单位成本最高的，但提供了很高的数据安全性和可用性。当一个磁盘失效时，系统可以自动切换到镜像磁盘上读写，而不需要重组失效的数据。

（3）RAID 0+1

RAID 0+1 也被称为 RAID 10 标准，实际是将 RAID 0 和 RAID 1 标准结合的产物，它在连续地以位或字节为单位分割数据并且并行读/写多个磁盘的同时，为每一块磁盘做磁盘镜像进行冗余。它的优点是同时拥有 RAID 0 的超凡速度和 RAID 1 的数据高可靠性，但是 CPU 占用率同样也更高，而且磁盘的利用率比较低。

（4）RAID 2

RAID 2 将数据条块化地分布于不同的硬盘上，条块单位为位或字节，并使用称为"加重平均纠错码（海明码）"的编码技术来提供错误检查及恢复。这种编码技术需要多个磁盘存放检查及恢复信息，使得 RAID 2 技术的实施更复杂，因此在商业环境中很少使用。

（5）RAID 3

RAID 3 同 RAID 2 非常类似，都是将数据条块化分布于不同的硬盘上，区别在于 RAID 3 使用简单的奇偶校验，并用单块磁盘存放奇偶校验信息。如果一块磁盘失效，奇偶盘及其他数据盘可以重新产生数据；如果奇偶盘失效则不影响数据使用。RAID 3 对于大量的连续数据可提供很好的传输率，但对于随机数据来说，奇偶盘会成为写操作的瓶颈。

（6）RAID 4

RAID 4 同样也将数据条块化并分布于不同的磁盘上，但条块单位为块或记录。RAID 4 使用一块磁盘作为奇偶校验盘，每次写操作都需要访问奇偶盘，这时奇偶校验盘会成为写操作的瓶颈，因此 RAID 4 在商业环境中也很少使用。

（7）RAID 5

RAID 5 没有单独指定的奇偶盘，而是在所有磁盘上交叉地存取数据及奇偶校验信息。在 RAID 5 上，读/写指针可同时对阵列设备进行操作，提供了更高的数据流量。RAID 5 更适合于小数据块和随机读写的数据。

RAID 3 与 RAID 5 相比，最主要的区别在于 RAID 3 每进行一次数据传输就需涉及所有的阵列盘；而对于 RAID 5 来说，大部分数据传输只对一块磁盘操作，并可进行并行操作。在 RAID 5 中有"写损失"，即每一次写操作将产生四次实际的读/写操作，其中两次读旧的数据及奇偶信息，两次写新的数据及奇偶信息。

（8）RAID 6

与 RAID 5 相比，RAID 6 增加了第二个独立的奇偶校验信息块。两个独立的奇偶系统使用不同的算法，数据的可靠性非常高，即使两块磁盘同时失效也不会影响数据的使用。但 RAID 6 需要分配给奇偶校验信息更大的磁盘空间，相对于 RAID 5 有更大的"写损失"，因此"写性能"非常差。较差的性能和复杂的实施方式使得 RAID 6 很少得到实际应用。

（9）RAID 7

RAID 7 是一种新的磁盘阵列标准，其自身带有智能化实时操作系统和用于存储管理的软件工具，可完全独立于主机运行，不占用主机 CPU 资源。RAID 7 可以看作一种存储计算机（Storage Computer），它与其他磁盘阵列标准有明显区别。

除了以上介绍的各种标准，我们还可以像 RAID 0+1 那样结合多种磁盘阵列规范来构筑所需的磁盘阵列。例如，RAID 5+3（RAID 53）就是一种应用较为广泛的阵列形式。用户一般可以通过灵活配置磁盘阵列来获得更加符合其要求的磁盘存储系统。

3. 网络附加存储

网络附加存储（Network Attached Storage，NAS）是一种将分布、独立的数据整合为大型、集中化管理的数据中心，以便于对不同主机和应用服务器进行访问的技术。根据字面意思，简单说就是连接在网络上，具备资料存储功能的装置，因此也称为网络存储器，其以数据为中心，将存储设备与服务器彻底分离，集中管理数据，从而释放带宽提高性能，降低总拥有成本，保护投资。其成本远远低于使用服务器存储，而效率却远远高于后者。

网络附加存储的优点主要包括：①管理和设置较为简单；②设备物理位置灵活；③实现异构平台的客户机对数据的共享；④改善网络的性能。

此外，网络附加存储也存在一些缺点：①存储性能较低，只适用于较小网络规模或者较低数据流量的网络数据存储；②备份带宽消耗；③后期扩容成本高。

4. 存储区域网络

存储区域网络（Storage Area Network，SAN）是通过专用高速网将一个或多个网络存储设备与服务器连接起来的专用存储系统，未来的信息存储将以存储区域网络存储方式为主。

在最基本的层次上，存储区域网络被定义为互连存储设备和服务器的专用光纤通道网络，它在这些设备之间提供端到端的通信，并允许多台服务器独立地访问同一个存储设备。

与局域网（LAN）非常类似，存储区域网络提高了计算机存储资源的可扩展性和可靠性，使实施的成本更低，管理更轻松。与存储子系统直接连接服务器（即直接附加存储 DAS）不同，专用存储网络介于服务器和存储子系统之间。

存储区域网络是一种高速网络或子网络，它提供在计算机与存储系统之间的数据传输。存储设备是指一张或多张用以存储计算机数据的磁盘设备。一个存储区域网络由负责网络连接的通信结构、负责组织连接的管理层、存储部件以及计算机系统构成，从而保证数据传输的安全性和力度。

典型的存储区域网络是一个企业整个计算机网络资源的一部分。通常存储区域网络与其他计算资源紧密集群来实现远程备份和档案存储过程。存储区域网络支持磁盘镜像技术、备份与恢复、档案数据的存档和检索、存储设备间的数据迁移以及网络中不同服务器间的数据共享等功能。此外，存储区域网络还可以用于合并子网和网络附加存储系统。

存储区域网络的优点主要包括：①可实现大容量存储设备数据共享；②可实现高速计算机与高速存储设备的高速互联；③可实现灵活的存储设备配置要求；④可实现数据快速备份；⑤提高了数据的可靠性和安全性。

此外，存储区域网络同样也存在一些缺点：①方案成本高；②维护成本增加；③标准未统一。

5. IP 存储

IP 存储（Storage over IP，SoIP），即通过互联网协议（IP）或以太网的数据存储。

IP 存储使得性价比较好的存储区域网络技术能应用到更广阔的市场中。它利用廉价及货源丰富的以太网交换机、集线器和线缆来实现低成本、低风险基于 IP 的存储区域网络存储。

IP 存储解决方案应用可能会经历以下三个发展阶段。

（1）存储区域网络扩展器

随着存储区域网络技术在全球的开发，越来越需要长距离的存储区域网络连接技术。IP 存储技术定位于将多种设备紧密连接，就像一个大企业多个站点间的数据共享以及远程数据镜像。这种技术是利用光纤通道（Fibre Channel，FC）到 IP 的桥接或路由器，将两个远程的存储区域网络通过 IP 架构互联。虽然 iSCSI 设备可以实现以上技术，但基于 IP 的光纤通道协议（FCIP）和互联网光纤信道协议（iFCP）对于此类应用更为适合，因为它们采用的是光纤通道协议。

（2）有限区域 IP 存储

第二阶段的 IP 存储的开发主要集中在小型的低成本的产品中，目前还没有真正意义的全球存储区域网络环境，随之而来的技术是有限区域的、基于 IP 的存储区域网络连接技术。可能会出现类似于可安装到网络附加存储设备中的 iSCSI 卡，因为这种技术和需求可使传输控制协议卸载引擎（TOE）设备弥补网络附加存储技术的解决方案。在这种配置中，一个单一的多功能设备可提供对块级或文件级数据的访问，这种结合了块级和文件级的网络附加存储设备可使以前的直接连接的存储环境轻松地传输到网络存储环境。

第二阶段也会引入一些工作组级的、基于 IP 的存储区域网络小型商业系统的解决方案，使得那些小型企业也可以享受到网络存储的益处，但使用这些新的网络存储技术也可能会遇到一些难以想象的棘手难题。iSCSI 协议是最适合这种环境的应用的，但基于 iSCSI 的存储区域网络技术是不会取代光纤通道存储区域网络的，同时它可以使用户既享受网络存储带来的益处，也不会开销太大。

（3）IP 存储区域网络

完全的端到端的、基于 IP 的全球存储区域网络存储将会随之出现，而 iSCSI 协议则是最为适合的。基于 iSCSi 的 IP 存储区域网络将由 iSCSI HBA 构成，它可释放出大量的传输控制协议负载，保证本地 iSCSI 存储设备在 IP 架构上自由通信。一旦这些实现，一些 IP 的先进功能，如带宽集合、质量服务保证等都可能应用到存储区域网络环境中。

尽管 IP 存储技术的标准早已建立且应用，但将其真正广泛应用到存储环境中还需要解决几个关键技术点，如传输控制协议负载空闲、性能、安全性、互联性等。

6. iSCSI 网络存储

iSCSI 是 2003 年国际互联网工程任务组（The Internet Engineering Task Force，IETF）制定的一项标准，用于将 SCSI 数据块映射成以太网数据包。从根本上讲，iSCSI 协议是一种利用 IP 网络来传输潜伏时间短的 SCSI 数据块的方法，它使用以太网协议传送 SCSI 命令、响应和数据。

iSCSI 可以用我们已经熟悉和每天都在使用的以太网来构建 IP 存储局域网。通过这种方法，iSCSI 克服了直接连接存储的局限性，使我们可以跨越不同服务器共享存储资源，并可以在不停机状态下扩充存储容量。

iSCSI 是一种基于 TCP/IP 的协议，用来建立和管理 IP 存储设备、主机和客户机等之间的相互连接，并创建存储区域网络。存储区域网络使得 SCSI 协议应用于高速数据传输网络成为可能，这种传输以数据块级别在多个数据存储网络间进行。

iSCSI 结构基于客户 / 服务器模式，其通常应用环境是，设备互相靠近，并且这些设备由 SCSI 总线连接。iSCSI 的主要功能是在 TCP/IP 网络上的主机系统和存储设备之间进行大量数据的封装和可靠传输过程。

如今我们所涉及的存储区域网络，其实现数据通信的主要要求是：①数据存储系统的合并；②数据备份；③服务器群集；④复制；⑤紧急情况下的数据恢复。另外，存储区域网络可能分布在不同地理位置的多个 LANs 和 WANs 中。必须确保所有存储区域网络操作安全进行并符合服务质量（Quality of Service，QoS）要求，而 iSCSI 则被设计来在 TCP/IP 网络上实现以上这些要求。

iSCSI 的工作过程：当 iSCSI 主机应用程序发出数据读写请求后，操作系统会生成一个相应的 SCSI 命令，该 SCSI 命令在 iSCSI initiator 层被封装成 iscsr 消息包并通过 TCP/IP 传送到设备侧，设备侧的 iSCSI target 层会解开 iSCSI 消息包，得到 SCSI 命令的内容，然后传送给 SCSI 设备执行；设备执行 SCSI 命令后的响应，在经过设备侧 iSCSI target 层时被封装成 iSCSI 响应 PDU，通过 TCP/IP 网络传送给主机的 iSCSI initiator 层，iSCSI initiator 层会从 iSCSI 响应 PDU 里解析出 SCSI 响应并传送给操作系统，操作系统再响应给应用程序。

这几年来，iSCSI 存储技术得到了快速发展。iSCSI 的最大好处是能提供快速的网络环境，虽然目前其性能和带宽跟光纤网络还有一些差距，但能节省企业30%～40%的成本。

iSCSI 技术的优点和成本优势主要体现在以下几个方面：

硬件成本低：构建 iSCSI 存储网络，除了存储设备外，交换机、线缆、接口卡都是标准的以太网配件，价格相对来说比较低廉。同时，iSCSI 还可以在现有的网络上直接安装，并不需要更改企业的网络体系，这样可以最大程度地节约投入。

操作简单，维护方便：对 iSCSI 存储网络的管理，实际上就是对以太网设备的管理，只需花费少量的资金去培训 iSCSI 存储网络管理员即可。当 iSCSI 存储网络出现故障时，问题定位及解决也会因为以太网的普及而变得容易。

扩充性强：对于已经构建的 iSCSI 存储网络来说，增加 iSCSI 存储设备和服务器都将变得简单且无须改变网络的体系结构。

带宽和性能：iSCSI 存储网络的访问带宽依赖于以太网带宽。随着千兆以太网的普及和万兆以太网的应用，iSCSI 存储网络会达到甚至超过光纤通道存储网络的带宽和性能。

突破距离限制：iSCSI 存储网络使用的是以太网，因而在服务器和存储设备空间布局上的限制就少了很多，甚至可以跨越地区和国家。

（三）存储技术比较

对于小型且服务较为集中的商业企业，可采用简单的直接附加存储方案。

对于中小型商业企业，服务器数量比较少，有一定的数据集中管理要求，且没有大型数据库需求的可采用网络附加存储方案。

对于大中型商业企业，存储区域网络和 iSCSI 是较好的选择。如果希望使用存储的服务器相对比较集中，且对系统性能要求极高，可考虑采用存储区域网络方案；对于希望使用存储的服务器相对比较分散，又对性能要求不是很高的，可以考虑采用 iSCSI 方案。

三、云存储技术

（一）云存储概述

云存储是在云计算概念基础上延伸和发展出来的一个新概念，是指通过集群应用、网络技术或分布式文件系统等功能，将网络中大量各种不同类型的存储设备通过应用软件集合起来协同工作，共同对外提供数据存储和业务访问功能的一个系统。

当云计算系统运算和处理的核心是大量数据的存储及管理时，云计算系统中就需要配置大量的存储设备，云计算系统就转变成一个云存储系统，所以云存储是一个以数据存储和管理为核心的云计算系统。简单来说，云存储就是将储存的资源放到网络上供人存取的一种新兴方案。使用者可以在任何时间、任何地方，通过任何可联网装置方便地存取数据。然而在方便使用的同时，我们不得不重视存储的安全性、兼容性，以及它在扩展性与性能聚合等方面的诸多因素。

首先，作为资源存储最重要的就是安全性，尤其是在云时代，数据中心存储着众多用户的数据，存储系统出现问题，其所带来的影响会远超分散存储的时代，因此存储系统的安全性就显得愈发重要。

其次，在云数据中心所使用的存储必须具有良好的兼容性。在云时代，计算资源都被收归到数据中心之中，再连同配套的存储空间一起分发给用户，因此站在用户的角度是不需要关心兼容性的问题的，但是站在数据中心的角度，兼容性却是一个非常重要的问题，众多的用户带来了各种各样的需求，存储需要面对各种不同的操作系统，给每种操作系统都配备专门的存储，无疑与云计算的精神背道而驰。因此，在云计算环境中，首先要解决的就是兼容性问题。

再次，存储容量的扩展能力。由于要面对数量众多的用户，存储系统需要存储的文件将呈指数级增长态势，这就要求存储系统的容量扩展能够跟得上数据量的增长，做到无限扩容，同时在扩展过程中最好还要做到简便易行，不能影响到数据中心的整体运行。如果容量的扩展需要复杂的操作，甚至停机，这无疑会极大地降低数据中心的运营效率。

最后，云时代的存储系统需要的不仅仅是容量的提升，对于性能的要求同样迫切。与以往只面向有限的用户不同，在云时代，存储系统将面向更为广阔的用户群体。用户数量级的增加使得存储系统也必须在吞吐性能上有飞速的提升，只有这样才能对请求做出快速的反应。这就要求存储系统能够随着容量的增加而拥有线性增长的吞吐性能，这显然是传统的存储架构无法达成的目标。传统的存储系统由于没有采用分布式的文件系统，无法将所有访问压力平均分配到多个存储节点，因而在存储系统与计算系统之间存在着明显的传输瓶颈，由此会带来单点故障等多种后续问题，而集群存储正是解决这一问题，满足新时代要求的千金良方。

（二）云存储技术与传统存储技术

传统的存储技术是把所有数据都当作对企业同等重要和同等有用来进行处理的，所有的数据都集成到单一的存储体系之中，以满足业务持续性需求，但是在面临大数据难题时会显得捉襟见肘。

1. 成本激增

在大型项目中，前端图像信息采集点过多，单台服务器承载量有限，会造成需要配置几十台，甚至上百台服务器的状况。这就必然导致建设成本、管理成本、维护成本、能耗成本的急剧增加。

2. 磁盘碎片问题

由于视频监控系统往往采用回滚写入方式，这种无序的频繁读写操作，导致了磁盘碎片的大量产生。随着使用时间的增加，将严重影响整体存储系统的读写性能，甚至导致存储系统被锁定为只读，而无法写入新的视频数据。

3. 性能问题

由于数据量的激增，数据的索引效率也变得越来越为人们关注。而动辄上 TB 的数据，甚至是几百 TB 的数据，在索引时往往需要花上几分钟的时间。

云存储提供的诸多功能与性能旨在满足和解决伴随海量非活动数据的增长而带来的存储难题，诸如：

（1）随着容量增长，线性地扩展性能和存取速度。

（2）将数据存储按需迁移到分布式的物理站点。

（3）确保数据存储的高度适配性和自我修复能力，可以保存多年之久。

（4）确保多租户环境下的私密性和安全性。

（5）允许用户基于策略和服务模式按需扩展性能和容量。

（6）改变了存储购买模式，只收取实际使用的存储费用，而非按照所有的存储系统（即包含未使用的存储容量）来收取费用。

（7）结束颠覆式的技术升级和数据迁移工作。

（三）云存储的优点

作为最新的存储技术，与传统存储相比，云存储具有以下优点：

1. 管理方便

其实这一项也可以归纳为成本上的优势。因为将大部分数据迁移到云存储上以后，所有的升级维护任务都是由云存储服务提供商来完成的，降低了企业花在存储系统管理员上的成本压力。还有就是云存储服务强大的可扩展性，当企业用户发展壮大后，突然发现自己先前的存储空间不足，就必须要考虑增加存储服务器来满足现有的存储需求。而云存储服务则可以很方便地在原有基础上扩展服务空间，满足需求。

2. 成本低

就目前来说，企业在数据存储上所付出的成本是相当大的，而且这个成本还在随着数据的暴增而不断增加。为了减少这一成本压力，许多企业将大部分数据转移到云存储上，让云存储服务提供商来为他们解决数据存储的问题。这样就能花很少的价钱获得最优的数据存储服务。

现代企业管理，很强调设备的整体拥有成本（Total Cost of Ownership，TCO），而不像过去只强调采购成本。而云存储技术管理的成本，可分为两种：一种是系统管理人力及能源需求的降低，另一种是减少因系统停机造成的业务中断，所增加的管理成本。

谷歌的服务器超过200万台，其中1/4用来作为存储，这么多的存储设备，如果采用传统的盘阵，管理是个大问题，更何况如果这些盘阵还是来自不同的厂商所生产，那管理难度就更无法想象了。为了解决这个问题，谷歌发展了"云存储"这个概念。

云存储技术针对数据重要性采取不同的拷贝策略，并且拷贝的文件存放在不同的服务器上，因此遭遇硬件损坏时，不管是硬盘或是服务器坏掉，服务始终不会终止，而且因为采用索引的架构，系统会自动将读写指令导引到其他存储节点，读写效能完全不受影响，管理人员只要更换硬件即可，数据也不会丢失，换上新的硬盘或是服务器后，系统会自动将文件拷贝回来，永远保持多份的文件，以避免数据的丢失。

扩容时，只要安装好存储节点，接上网络，新增加的容量便会自动合并到存储中，并且数据自动迁移到新存储节点，不需要做多余的设定，大大地降低了维护人员的工作量，在管理界面中可以看到每个存储节点及硬盘的使用状况、读写带宽，管理非常容易，不管使用哪家公司的服务器，都是同一个管理界面，一个管理人员可以轻松地管理几百台存储节点。

3. 量身定制

这个主要针对私有云。云服务提供商专门为单一的企业客户提供一个量身定制的元存储服务方案，或者可以是企业自己的 IT 机构来部署一套私有云服务架构。私有云不但能为企业用户提供最优质的贴身服务，而且还能在一定程度上降低安全风险。

传统的存储模式已经不再适应当代数据暴增的现实问题，如何让新兴的云存储发挥它应有的能力，在解决安全、兼容等问题上，我们还需要不断努力。就目前而言，云计算时代已经到来，作为其核心的云存储将成为未来存储技术的必然趋势。

（四）云存储的分类

云存储可分为以下三类：

1. 公共云存储

像亚马逊公司的简易储存服务（Simple Storage Service，S3）、Nutanix 公司提供的存储服务一样，它们可以低成本提供大量的文件存储。供应商可以保持每个客户的存储、应用都是独立的、私有的。其中以 Dropbox 为代表的个人云存储服务是公共云存储发展较为突出的代表，国内比较突出的云存储有搜狐企业网盘、百度云盘、新浪微盘、360 云盘、腾讯微云、华为网盘、快盘、坚果云等。

公共云存储可以划出一部分用作私有云存储。一个公司可以拥有或控制基础架构以及应用的部署，私有云存储可以部署在企业数据中心或相同地点的设施上。私有云可以由公司自己的 IT 部门管理，也可以由服务供应商管理。

2. 内部云存储

这种云存储和私有云存储比较类似，唯一的不同点是它仍然位于企业防火墙内部。

3. 混合云存储

这种云存储把公共云和私有云 / 内部云结合在一起，主要用于按客户要求的访问，特别是需要临时配置容量的时候。从公共云上划出一部分容量配置一种私有或内部云，对帮助公司面对迅速增长的负载波动或高峰时很有帮助。尽管如此，混合云存储同时也带来了跨公共云和私有云分配应用的复杂性。

上述三种类型的云端，如果是供企业内部使用，即为私有云端（Private Cloud）；如果是运营商专门搭建以供外部用户使用，并借此营利的称为公共云端（Public Cloud）。

（1）私有云端。私有云端又称为内部云端（Internal Cloud），相对于公共云端，此概念较新。许多企业由于对公共云端供应商的 IT 管理方式、机密数据安全性与赔偿机制等，会有信任上的疑虑，所以纷纷开始尝试透过虚拟化或自动化机制，来仿真搭建内部网络中的云运算。

私有云端的搭建，不但要提供更高的安全掌控性，同时内部 IT 资源无论在管理、调度、扩展、分派、访问控制还是在成本支出上都应更具精细度、弹性与效益。其搭建难度不小，当前已有惠普 Blade System Matrix、NetApp Dynamic Data Center 等整合型基础架构方案推出。以惠普 Blade System Matrix 为例，其组成硬件包括 Blade System c7000 机箱，搭配 ProLiair BL460c G6 刀锋型服务器、Storage Works Enterprise Virtual Array 4400，以及管理软件工具惠普 Insight Dynamics-VSE，即试图借此方案得以减低搭建技术的门槛，在可见的未来取代数据中心，成为数据中心未来蜕变转型的终极样貌。

（2）公共云端。一般云运算是对公共云端而言的，又称为外部云端（External Cloud）。其服务供应商能提供极精细的 IT 服务资源动态配置，并透过 Web 应用或 Web 服务提供网络自助式服务。对于使用者而言，无须知道服务器的确切位置，或什么等级服务器，所有 IT 资源皆有远程方案商提供。而且该厂商必须具备资源监控与评量等机制，才能采取如同公用运算般的精细付费机制，易安信 Atmos 即为此例。

对于中小型企业而言，公共云端提供了最佳 IT 运算与成本效益的解决方案；但对有能力自建数据中心的大型企业来说，公共云端难免仍有安全与信任上的顾虑。无论如何，公共云端改变了既有委外市场的产品内容与形态，提供装置设定，以及永续 IT 资源管理的代管服务，对于主机代管等委外市场会产生影响。

（3）混合云端（Hybrid Cloud）。所谓混合云端，意指企业同时拥有公共与私有两种形态的云端。当然在搭建步骤上会先从私有云端开始，待一切运作稳定后再对外开放，企业不但可提升内部 IT 使用效率，也可通过对外的公共云端服务获利。

如此一来，原本只能让企业花大钱的 IT 资源，也能转而成为营利的工具。企业可将这些收入的一部分用来继续投资在 IT 资源的添购及改善上，不但内部员工受益，同时也可提供更完善的云端服务。也因为如此，混合云端或许会成为今后企业 IT 云搭建的主流模式。此形态的最佳代表，莫过于提供简易储存服务和弹性运算云端（Elastic Compute Cloud，EC2）服务的亚马逊。

（五）云存储的技术基础

1. 宽带网络的发展

真正的云存储系统将会是一个多区域分布、遍布全国甚至遍布全球的庞大公用系统，使用者需要通过 ADSL、DDN 等宽带接入设备来连接云存储。只有宽带网络得到充足的发展，使用者才有可能获得足够大的数据传输带宽，实现大容量数据的传输，真正享受到云存储服务，否则只能是空谈。

2. Web 2.0 技术

Web 2.0 技术的核心是分享。只有通过 Web 2.0 技术，云存储的使用者才有可能通过

PC、手机、移动多媒体等多种设备，实现数据、文档、图片和视音频等内容的集中存储和资料共享。

3. 应用存储的发展

云存储不仅仅是存储，更多的是应用。应用存储是一种在存储设备中集成了应用软件功能的存储设备，它不仅具有数据存储功能，还具有应用软件功能，可以看作服务器和存储设备的集合体。应用存储技术的发展可以大量减少云存储中服务器的数量，从而降低系统建设成本，减少系统中由服务器造成的单点故障和性能瓶颈，减少数据传输环节，提高系统性能和效率，保证整个系统的高效稳定运行。

4. 集群技术、网格技术和分布式文件系统

云存储系统是一个多存储设备、多应用、多服务协同工作的集合体，任何一个单点的存储系统都不是云存储。

既然是由多个存储设备构成的，不同存储设备之间就需要通过集群技术、分布式文件系统和网格技术等，实现多个存储设备之间的协同工作，多个存储设备可以对外提供同一种服务，提供更大、更强、更好的数据访问性能。没有这些技术的存在，云存储就不可能真正实现，所谓的云存储只能是一个一个的独立系统，不能形成云状结构。

5. 内容分发网络、P2P 技术、数据压缩技术、重复数据删除技术和数据加密技术

内容分发系统、数据加密技术保证云存储中的数据不会被未授权的用户访问，同时，各种数据备份和容灾技术保证云存储中的数据不会丢失，保证云存储自身的安全和稳定。如果云存储中的数据安全得不到保证，想必也没有人敢用云存储，否则，保存的数据不是很快丢失了，就是全国人民都知道了。

6. 存储虚拟化技术和存储网络化管理技术

云存储中的存储设备数量庞大且分布多在不同地域，如何实现不同厂商、不同型号甚至不同类型（如光纤通道存储和 IP 存储）的多台设备之间的逻辑卷管理、存储虚拟化管理和多链路冗余管理将会是一个巨大的难题，这个问题得不到解决，存储设备就会是整个云存储系统的性能瓶颈，结构上也就无法形成一个整体，而且还会带来后期容量和性能扩展难等问题。

云存储中的存储设备数量庞大、分布地域广造成的另外一个问题是存储设备运营管理问题。虽然这些问题对云存储的使用者来讲根本不需要关心，但对于云存储的运营单位来讲，却必须要通过切实可行和有效的手段来解决集中管理难、状态监控难、故障维护难、人力成本高等问题。因此，云存储必须要具有一个高效的、类似于网络管理软件的集中管理平台，来实现云存储系统中存储设备、服务器和网络设备的集中管理与状态监控。

（六）云存储系统的结构模型

云存储系统的结构模型由四层组成，分别是存储层、基础管理层、应用接口层和访问层。

1. 存储层

存储层是云存储最基础的部分。存储设备可以是光纤通道存储设备，可以是网络附加存储和 iSCSI 等 IP 存储设备，也可以是 SCSI 或 SAS 等直接附加存储设备。云存储中的存储设备往往数量庞大且分布在多个不同地域，彼此之间通过广域网、互联网或者光纤通道网络连接在一起。

存储设备之上是一个统一存储设备管理系统，可以实现存储设备的逻辑虚拟化管理、多链路冗余管理，以及硬件设备的状态监控和故障维护。

2. 基础管理层

基础管理层是云存储最核心的部分，也是云存储中最难以实现的部分。基础管理层通过集群、分布式文件系统和网格计算等，实现云存储中多个存储设备之间的协同工作，使多个存储设备可以对外提供同一种服务，并提供更大、更强、更好的数据访问性能。

3. 应用接口层

应用接口层是云存储最灵活多变的部分。不同的云存储运营单位可以根据实际业务类型，开发不同的应用服务接口，提供不同的应用服务，如视频监控应用平台、IPTV 和视频点播应用平台、网络硬盘应用平台、远程数据备份应用平台等。

4. 访问层

任何一个授权用户都可以通过标准的公共应用接口来登录云存储系统，享受云存储服务。云存储运营单位不同，云存储提供的访问类型和访问手段也不同。

（七）云存储解决方案

云存储是以数据存储为核心的云服务，在使用过程中，用户并不需要了解存储设备的类型和数据的存储路径，也不用对设备进行管理、维护，更不需要考虑数据备份容灾等问题，只需通过应用软件，便可以轻松享受云存储带来的方便与快捷。

1. 云状的网络结构

相信大家对局域网、广域网和互联网都已经非常了解了。在常见的局域网系统中，我们为了能更好地使用局域网，一般来讲，使用者需要非常清楚地知道网络中每一个软硬件的型号和配置，如采用什么型号的交换机，有多少个端口，采用了什么路由器和防火墙，分别是如何设置的；系统中有多少个服务器，分别安装了什么操作系统和软件；各设备之间采用什么类型的连接线缆，分配了什么 IP 地址和子网掩码等。

但当我们使用广域网和互联网时，我们只需要知道是什么样的接入网，以及用户名、密码就可以连接到广域网和互联网，并不需要知道广域网和互联网中到底有多少台交换机、路由器、防火墙和服务器，不需要知道数据是通过什么样的路由到达我们的计算机，也不需要知道网络中的服务器分别安装了什么软件，更不需要知道网络中各设备之间采用了什么样的连接线缆和端口。

广域网和互联网对于具体的使用者是完全透明的，我们经常用一个云状的图形来表示广域网和互联网。

虽然云状图中包含了许许多多的交换机、路由器、防火墙和服务器，但对具体的广域网、互联网用户来讲，这些都是不需要知道的。云状图形代表的是广域网和互联网带给大家的互联互通的网络服务。无论我们在任何地方，都可以通过一个网络接入线缆和一个用户名、密码来接入广域网和互联网，享受网络带给我们的服务。

参考云状的网络结构，创建一个新型的云状结构的存储系统，这个存储系统由多个存储设备组成，通过集群功能、分布式文件系统或类似网格计算等功能联合起来协同工作，并通过一定的应用软件或应用接口，为用户提供一定类型的存储服务和访问服务。

当我们使用某一个独立的存储设备时，必须非常清楚这个存储设备是什么型号、什么接口和传输协议，必须清楚地知道存储系统中有多少块磁盘，分别是什么型号、多大容量，必须清楚存储设备和服务器之间采用什么样的连接线缆。为了保证数据安全和业务的连续性，我们还需要建立相应的数据备份系统和容灾系统。除此之外，定期对存储设备进行状态监控、维护、软硬件更新和升级也是必需的。

如果采用云存储，那么上面所提到的一切对使用者来讲都不需要了。云存储系统的所有设备对使用者来讲都是完全透明的，任何地方的任何一个经过授权的使用者都可以通过一根接入线缆与云存储连接，对云存储进行数据访问。

2. 云存储不是存储，而是服务

如同云状的广域网和互联网一样，云存储对使用者来讲，不是指某一个具体的设备，而是指一个由许许多多的存储设备和服务器所构成的集合体。使用者使用云存储，并不是使用某一个存储设备，而是使用整个云存储系统带来的一种数据访问服务。所以严格来讲，云存储不是存储，而是一种服务。

云存储的核心是应用软件与存储设备相结合，通过应用软件来实现存储设备向存储服务的转变。

3. 弹性云存储系统架构

在弹性云存储系统架构中，万千个性化需求都能从中得到一一满足。从客户端来看，创新的云存储系统架构可以提供更灵活的服务接入方式：个人用户通过客户端软件，企业用户通过客户端系统，以磁盘 - 磁盘 - 云（D2D2C）的模式，方便地连接云存储数据中心的服务端模块，将数据备份到 IDC 的数据节点中。而对于那些建设私有云的大型企业来说，系统可以支持私有云的接入，实现企业私有云和公有云之间的数据交换，以提高数据安全和系统扩展能力。从数据中心来看，创新的云存储系统架构用大型分布式文件系统进行文件管理，并实现跨数据中心的容灾。

创新的弹性云存储系统架构首先满足了云存储时代容量动态增长的特点，让所有类型的客户能够轻松满足需求；其次这个架构具有高性能和高可用性，这是云存储服务的根本；而易于集成、灵活的客户接入方式，使得这个架构更易于普及和推广。

无论是企业客户、中小企业和个人用户的数据保护、文件共享需求，还是新兴的 Web 2.0 企业的海量存储需求、视频监控需求等，都能够从这个架构上得到满足。

（八）云存储的用途和发展趋势

云存储通常意味着把主数据或备份数据放到企业外部不确定的存储池里，而不是放到本地数据中心或专用远程站点。支持者们认为，使用云存储服务，企业机构就能节省投资费用，简化复杂的设置和管理任务，把数据放在云中还便于从更多的地方访问数据。

数据备份、归档和灾难恢复是云存储可能的三个用途。

云的出现主要用于任何种类的静态类型数据的各种大规模存储需求。即使用户不想在云中存储数据库，但是可能想在云中存储数据库的一个历史副本，而不是将其存储在昂贵的存储区域网络或网络附加存储技术中。

一个好的概测法是将云看作只能用于延迟性应用的云存储。备份、归档和批量文件数据可以在云中很好地处理，因为可以允许几秒的延迟响应时间。另外，由于延迟的存在，数据库和"性能敏感"的任何其他数据不适用于云存储。

但是在将数据迁移至云中之前，无论是公共云还是私有云，用户都需要解决一个更加根本的问题。如果进入云存储，就能明白存储空间的增长在哪里失去控制，或者为什么会失去控制，以及在整个端到端的业务流程中存储一组特殊的数据的时候，价值点是什么？仅仅将技术迁移到云中并不是最佳的解决方案。

减少工作和费用是预计云服务在接下来几年会持续增长的一个主要原因。据研究公司 IDC 声称，2011 年全球 IT 开支当中有 4% 用于云服务；到 2012 年，这个比例达到 9%。由于成本和空间方面的压力，数据存储非常适合使用云解决方案。IDC 预测，在这同一期间，云存储在云服务开支中的比例会从 8% 增加到 13%。

云存储已经成为未来存储发展的一种趋势。但随着云存储技术的发展，各类搜索、应用技术和云存储相结合的应用，还需从安全性、便携性以及性能和可用性、数据访问等角度进行改进。

1. 安全性

从云计算诞生，安全性一直是企业实施云计算首要考虑的问题之一。同样在云存储方面，安全性仍是首要考虑的问题，对于想要进行云存储的客户来说，安全性通常是首要的商业考虑和技术考虑。但是许多用户对云存储的安全要求甚至高于他们自己的架构所能提供的安全水平。即便如此，面对如此高的不现实的安全要求，许多大型、可信赖的云存储厂商也在努力满足用户的要求，构建比多数企业数据中心安全得多的数据中心。用户可以发现，云存储具有更少的安全漏洞和更高的安全环节，云存储所能提供的安全性水平比用户自己的数据中心所能提供的安全水平还要高。

2. 便携性

一些用户在托管存储的时候还要考虑数据的便携性。一般情况下这是有保证的，一些大型服务提供商所提供的解决方案承诺其数据便携性可媲美最好的传统本地存储。有的存储结合了强大的便携功能，可以将整个数据集传送到用户所选择的任何媒介，甚至是专门的存储设备。

3. 性能和可用性

过去的一些托管存储和远程存储总是存在着延迟时间过长的问题。同样的，互联网本身的特性就严重威胁服务的可用性。最新一代云存储有突破性的成就，体现在客户端或本地设备高速缓存上，将经常使用的数据保存在本地，从而有效地缓解互联网延迟问题。通过本地高速缓存，即使面临最严重的网络中断，这些设备也可以缓解延迟性问题。这些设备还可以让经常使用的数据像本地存储那样快速反应。通过一个本地网络附加存储网关，云存储甚至可以模仿终端网络附加存储设备的可用性、性能和可视性，同时将数据予以远程保护。随着云存储技术的不断发展，各厂商仍将继续努力实现容量优化和广域网（WAN）优化，从而尽量减少数据传输的延迟性。

4. 数据访问

现有对云存储技术的疑虑还在于，如果执行大规模数据请求或数据恢复操作，那么云存储是否可提供足够的访问性。在未来的技术条件下，这点大可不必担心，现有的厂商可以将大量数据传输到任何类型的媒介，可将数据直接传送给企业，且其速度之快相当于复制、粘贴操作。另外，云存储厂商还可以提供一套组件，在完全本地化的系统上模仿云地址，让本地网络附加存储网关设备继续正常运行而无须重新设置。未来，如果大型厂商构建了更多的地区性设施，那么数据传输将更加迅捷。如此一来，即便是客户本地数据发生了灾难性的损失，云存储厂商也可以将数据重新快速传输给客户数据中心。

云存储与云运算一样，必须经由网络来提供随选分派的储存资源。重要的是，该网络必须具备良好的服务质量机制才行。对于用户来说，具备弹性扩展与随使用需求弹性配置的云存储，可节省大笔的储存设备采购及管理成本，甚至因储存设备损坏所造成的数据遗失风险也可因此避免。总之，无论是端点使用者将数据备份到云端，抑或企业基于法规遵循，或其他目的的数据归档与保存，云存储皆可满足不同需求。

至于 IT 资源要能实现弹性随需配置，还须依赖各种不同平台领域之间的协同工作才能达成。而国际标准的制定，正有助于整个云运算相关产业的应用发展，让云端的精神不再那么遥不可及，而是落实到实际 IT 架构的应用。

四、大数据存储解决方案

为了应对大数据对存储技术的挑战，全球知名的 IT 厂商都相继推出了存储产品和存储解决方案，如易安信、思科（Cisco）、IBM、戴尔以及华为等。下面我们选取几个实例进行介绍。

必须说明的是，存储技术日新月异，因此我们尽量避开具体的产品，多介绍解决方案中的技术原理。

（一）戴尔的流动文件系统

早在 2010 年，戴尔收购了一家名叫 Ocarina 的公司，该公司的技术能够实现高度整合的重复数据删除和深度的数据压缩。之前，戴尔亚太区存储技术总监许良谋也提到，"无论是文件级别或者模块，一定会在整个戴尔的流动数据平台中看到戴尔继续采用 Ocarina 的技术做重复数据删除和压缩。"

其实，大家对之前戴尔发布的 FS 7500 应该有所了解，它具有高效的扩展性，方便的可管理性，以及方便的在线性，同时可做到完整的冗余性。它最大的特点在于，为存储用户的存储区域网络配备 Equal Logic FS 7500 和戴尔可扩展文件系统。戴尔可扩展文件系统后来更名为流动文件系统，当时属于业界唯一针对中小规模部署进行过优化的横向扩展统一存储体系结构。

戴尔存储一直坚持这样的路线，并且也将流动文件系统用于 Compellent、Equal Logic 和 Power Vault 三大戴尔存储平台。

但是要实现这样的三大平台的流动数据互通，戴尔还是花费了不少精力的。

我们查阅资料，回到 2012 年左右，当时的 Compellent FS 8600 就使用了戴尔流动文件系统 Sv2（第二代流动文件系统），除了单一命名空间由之前的戴尔可扩展文件系统（即第一代流动文件系统）的 509/576 TB 提高到 1 PB 以外，横向扩展的节点数量也由 Equal Logic FS 7500 的 4 个增加到 8 个。

虽然 Power Vault 有 NX 3500、NX 3600，Equal Logic 有 FS 7500、FS 7600，Compellent 有 FS 860U，三个都是用流动数据文件系统做出来的，但是许良谋当时就强调："一定会把所有的这些流动数据文件平台做到互联互通。对于整个流动数据框架，为什么我们一定要把未来的发展很清晰地跟大家说清楚？如何才能够避免断代升级？就是要让大家了解，而且知道我们的下一步是什么。"所以，当时他就明确指出，未来戴尔一定会让所有的流动文件系统在不同的戴尔存储平台中做到互联互通。

随后不久，戴尔推出支持新戴尔 Compellent FS 8600 网络附加存储的最新版流动文件系统。Compellent 架构内的戴尔流动文件系统集成是戴尔向客户提供贯穿 Compellent、Equal Logic 和 Power Vault 文件存储能力的最后一步。这为客户提供了一个共用的企业级分布式文件系统，具有支持快照、复制和内置式数据保护的功能，并可在单一企业存储平台上管理文件和数据块。

戴尔 Compellent FS 8600 的出现，为用户提供了高性能、横向扩展文件存储，还与戴尔 Compellent 自动分层技术相集成，实现在单个解决方案内打造高效存储区域网络和网络附加储存。这有助于在单一的可扩展平台内提供更高的性能和更低的整体拥有成本。全新 Compellent 统一解决方案可在单一命名空间内无缝扩展至 1 PB 自动分层存储容量，帮助企业管理数据增长和控制成本。

事实上，由 SC 8000 和 FS 8600 组成的新一代 Compellent 阵列旨在通过管理一个虚拟的、可扩展的磁盘池，无须叉车式升级来实现跨数据块和文件数据的向上扩展与横向扩展，从而有效降低整体拥有成本。

官方资料显示，戴尔 Compellent SC 8000 用最新的 64 位 Compellent Storage Center 6.0 操作系统，汲取戴尔 12 G 产品设计经验，提供了一个可灵活扩展，满足业务和数据增长需求的弹性平台。

作为集数据块和文件数据存储的单一平台，SC 8000 能够消除为单独的解决方案提供支持时所需的成本和复杂性。借助 SC 8000 在能效、高温运行能力和新风（Fresh Air）技术支持方面的改进，企业可节约更多成本。

与此同时，戴尔还推出采用流动文件系统的第二代 Equal Logic 和 Power Vault 网络附加存储解决方案——Equal Logic FS 7600 和 FS 7610 以及 Power Vault NX 3600 和 NX3610。

FS 7600 和 FS 7610 系统可与新的或现有的 Equal Logic PS 系列阵列进行集成，可提供面向 1 GbE 和 10 GbE 环境的横向扩展统一存储。文件和数据块存储，包括新的异步复制支持，都可通过 Equal Logic Group Manager 进行管理，并可在单一命名空间内扩展到 509 TB。

Power Vault NX 3500 和 NX 3610 作为第二代 Power Vault 网络附加存储和统一存储系统，可提供新的 10 GbE 存储区域网络连接支持，并扩展了早期版本 NX 3500 的功能。与 NX 3500 相同，该网络附加存储平台能够通过储存在 MD iSCSI 阵列上的文件及文件元数据来管理文件工作负荷，并利用单一磁盘容量池来存储数据块和文件数据。单个 Power Vault NX 3600 系统原始容量可以扩展到 576 TB，双 NX 3610 解决方案可扩展到两台机器上，在单个命名空间中支持高达 1 PB 的容量。

从许良谋多次对外发表的分析观点总结出，未来戴尔统一存储一定能融入更多的内容，如如何有效处理文件碎片问题，对于文件系统如何更好地做好数据压缩、重复数据删除等。这些功能和技术需求，必然会为统一存储的发展带来更好的用户体验与厂商市场机会。同时在企业用户应对大数据过程中，统一存储也将发挥出举足轻重的作用。

（二）华为的集群存储系统

40 MB 的 PPT 文档、1 TB 的图片或者 1 PB 的电影能够成为大数据，并不是因为它们的体积大，而是因为很难利用现在的主流技术去处理和应用它们。也就是说，我们无法通过邮件将一个 40 MB 的 PPT 文档发出去，也很难对一个 1 TB 的图片实时地进行远程管理或者对一个 PB 级的电影进行在线编辑。种种数据给传统技术带来了各种各样的挑战，这种挑战就是大数据。

这是在一次关于大数据的交流活动上得到的一个观点，如果说实现数据价值是大数据的终极目标，那么华为存储作为一个基础架构厂商能有什么产品以及解决方案和策略能与大数据联系起来呢？

存储本身就是大数据中一个很重要的组成部分，或者说存储在每一个数据中心都是一个重要的组成部分。从华为官方公布的信息来看，主打大数据应用的应该算是 N9000。这款产品是华为存储最新的集群存储系统。N9000 一方面在一个系统内实现了分布式存储、分布式备份以及分布式数据分析的一体化全生命周期管理，在数据统一调度模块的调度下，数据在多域间有效流动，另一方面由于采用了分布式架构，系统在初始时可以使用较小的配置，降低资本性支出开销，随着业务量的增加，客户可以方便扩容，以实现应需而变。

N9000 应对大数据环境的优势主要表现在以下四个方面。

首先是弹性空间。这点主要得益于 N9000 的全分布式架构，在保证数据高可靠的同时，系统支持 3 节点至 288 节点弹性无缝扩展，单一文件系统可扩容至 100 PB，整个扩容过程业务无中断。

其次是卓越的性能。300 万的 OPS，超过 170 GB 的系统总带宽，极低的时延，充分满足高性能计算、媒体编辑等场景的高性能要求；不仅单节点可输出高性能，整个系统性能也会随着节点扩容线性增长，从容满足业务的更高性能要求。这些都体现了 N9000 的性能优势。

再次是 N9000 通过多功能、多协议的智慧融合，消除数据孤岛。融合使得 N9000 更容易完成数据存储、查询、备份、分析的全生命周期管理。

最后是简化管理。易用性是上层应用对基础设施的一个重点需求，N9000 从管理系统到文件系统以及自动精简配置等功能上都遵循了高效、简洁、一致的用户体验原则。

从产品方面来讲，以 N9000 为主的华为存储各条产品线都会对大数据做些或多或少的支持，N9000 的定位更为典型一些。它针对大数据的应用环境做了很多的优化，如 4Hadoop 以及对大数据分析、云环境下的数据共享等应用的支持。融海量数据存储、分析、备份归档于一体的 N9000，以业界领先的性能、大规模横向扩展能力和超大单一文件系统为用户提供结构化与非结构化数据共享资源池、基于数据全生命周期管理的存储与归档解决方案，充分切合广电媒体、高性能计算、能源地质、数据中心集中存储、互联网运营等多种大数据业务应用的需求。从存储设备来讲，N9000 为大数据提供了一个可靠、灵活、高效的基础架构平台，它并没有超出存储产品的定位，而是将存储平台进行优化使之能够更好地为大数据服务而已。

但从产品层面来说，华为存储对大数据的贡献显然是不完整的，从解决方案的角度，华为存储会和大数据有更多的结合。由于华为存储的产品线非常全面，所以不管是什么要求的解决方案，总能在华为存储中找到恰当的产品来应对，大数据相关的解决方案也是如此。当下大数据应用比较多的行业中广电媒体、高性能计算、能源地质、数据中心集中存储、互联网运营都是华为存储的重点发展领域。华为存储主推的几款高端存储和海量存储产品都是发展这些重点领域客户的主推产品。高端存储进入大数据的解决方案，依照华为存储的高端存储带动其他产品的风格，Ocean Stor 其他的产品线包括 T 系列在内也会跟随高端存储参与到大数据解决方案中来。

产品和解决方案是基础，生态圈是目标。从不同的角度华为试图建立起不同的生态圈，从大数据的角度华为也希望通过与众多合作伙伴一同建立起一个合作共荣、共同发展的生态圈。这应该也是华为存储之于大数据策略的一个终极目标，因为单靠华为存储甚至加上华为其他的众多产品和技术也难以将大数据从上到下进行通吃，华为存储也没有在数据分析等自己不擅长的领域做出一番事业的策略。在大数据时代里，华为存储应该做的就是将存储节点做好或者是向其他的融合解决方案提供技术支持，使得存储不会成为大数据解决方案中的一个瓶颈，至于数据价值具体怎样实现则不是华为存储所考虑的事。

在高德纳（Gartner）公布的技术发展周期图上，可以看到大数据正处在快速发展而且即将达到顶峰的一个状态。能在这一时期快速地稳定自己的位置进行长足的发展并建立起自己的一个生态圈的厂商或者组织，就一定是大数据时代的大赢家。而建立生态圈是华为的发展方向，这点从 2013 年华为云计算大会的多个分论坛以及合作伙伴所展出的解决方案中可以很明显地看出。

（三）戴尔的自动分层存储

大数据时代，无论是针对冷热数据还是海量数据，对存储的灵活性与高效率要求越来越高，而戴尔自动分层存储技术在这些方面具备突出的优势，不仅可以帮助企业数据流动，在面临大数据存储挑战的同时也为企业用户带来了存储的新价值。

1. 自动分层助力流动大数据

戴尔明确指出，大数据就是大量化、快速化和多样化的数据集合，并需对其进行存储、管理、集成和分析，才能够获得新的发展。用户在面对大数据挑战时，可大体分为混乱、保留、优化、简单分析、复杂分析五个阶段。

针对不同的企业用户，大数据所造成的挑战是一个持续的、长期的过程。针对企业用户在不同阶段所面临的大数据挑战，大数据保留就是存储阶段，海量数据的存储、备份如何做到数据管理的进一步简化，如何满足企业用户不断增长的数据存储需要？这些都是企业用户在大数据存储方面存在的普遍性问题。

基于此，戴尔存储系列解决方案也是在围绕提高存储效率、降低成本、弹性扩展等方面来展开。相比横向扩展或纵向扩展架构来看，企业用户存储在对冷热数据有效处理方法越来越重视，因此，需要在横向扩展的基础上更好地对冷热数据存储有着更为智能的策略。

要实现这样的考虑，必然需要自动分层存储技术，企业用户采用自动分层存储的方式后，可以按照冷热数据的使用率，把它们放在最正确、最适当的地方，热数据可以放在某些主机的内存上，或者将常用数据通过技术实现自动判断并自动存储到固态硬盘上。

可见，戴尔在帮助企业用户提升存储效率的同时，也是在横向扩展的基础上，更为强调数据流动的自动化和冷热数据的管理。在企业用户的数据中心，数据必然是流动的，数据针对不同应用、不同业务而发生变化，戴尔采取最为智能的方式，就是将它实现自动化——戴尔存储解决方案能够自动统计数据热度，自动化地实现热数据存储在快的阵列盘上，并且戴尔还可以将大量冷数据自动存储到传统阵列的盘内，采取归档的方式处理，一旦冷数据恢复其活跃性，也可以自动存储到比较快速的盘。这种处理冷热数据的自动化分层存储方式，不仅可以为用户带来存储效率的提升，同时还可以带来成本的节约。

2. 自动分层优化存储效率

戴尔的自动分层存储技术不仅可以优化存储效率，同时其最新升级的戴尔 Compellent Storage Center 6.4 增强功能更为突出，可以在戴尔 Compellent 存储阵列不同闪存存储空间建立分层，帮助用户获得新的存储价值，并帮助用户控制存储成本。

事实上，企业用户在面临数据中心存储在大数据环境下的新挑战时，纷纷要求存储系统能够在有效控制成本的同时提高存储效率，而借助自动分层技术，完全可以实现存储成本的有效控制，更好地实现存储效率带给业务的直接价值。

在不同存储之间建立分层，自动根据实际使用情况进行数据调度，并迁移到最佳存储层和磁盘阵列级。这就是戴尔自动分层存储技术最大的特点和优势。

3. 配合闪存优化，带来用户新价值

Compellent Storage Center 6.4 是 Compellent 架构的升级版本，与 Compellent Storage Center 6.3 相比，性能有大幅度提升。Compellent Storage Center 6.4 改进了其数据级数分层软件，加入了一个闪存存储层。目前来看，业界能够将自动分层技术加入闪存存储层的只有戴尔一家。

之前戴尔提供的闪存优化解决方案，已经采用了 SLC 闪存技术，而现在，戴尔把 Compellent 扩展到价格更低的 MLC 闪存领域。以前用户一直纠结如何选择合适的闪存，他们是应该选择性能和可靠性更好的 SLC 呢，还是选择容量大、价格低的 MLC 呢？现在，戴尔把这两项技术融合起来，为用户提供一体化的解决方案。Compellent Storage Center 6.4 的业界首创的 MLC 与 SLC 智能分层技术完全可以自动化实现。

当数据写入有两层闪存存储层的 Compellent 阵列中时，它们首先进入 SLC 以实现最佳性能。当数据活跃度逐渐降低时，它们被迁移到 MLC 中，然后再放入机械硬盘中，这样，用户可以把钱花在实现最佳性能上。

戴尔 Compellent 闪存优化解决方案可自动跨 SLC 和 MLC 固态硬盘进行数据分层，因而价格仅及竞争对手同类解决方案的大约 1/5，此外它还拥有全面的企业级功能，支持高性能的数据密集型工作负载。

Compellent Storage Center 6.4 的功能包括 5 个方面：①增强的数据分层功能；②按需数据分层；③空间管理回放；④固态硬盘磨损数据显示和监控；⑤针对 SC 8000 系统的硬件支持。其目的在于优化数据库和联机事物处理工作负载的性能，最大程度发挥 Compellent 储存分层技术的作用，优化存储块和文件数据的集成管理。

戴尔闪存优化解决方案的技术基础是引入读密集型 MLC 固态硬盘和 Compellent

Storage Center 6.4 的数据分层增强功能，而后者可支持跨写密集型 SLC 固态硬盘和读密集型 MLC 固态硬盘的分层。

Compellent Storage Center 6.4 不仅配合闪存优化凸显了自动分层的独有优势，同时这款用于承载分层数据的容量优化型解决方案最多可在 5U 的空间中存储 336 TB 的数据，因而可显著降低数据中心的空间要求。具备 Compellent Storage Center 6.4 软件功能的戴尔 Compellent SC 280 高密度盘柜，机架密度高于所有其他主流存储解决方案，最多比同类 2U 盘柜的密度高 2.8 倍。

在解决大数据的冷热数据的存储方面，戴尔自动分层存储技术确实带来了企业数据的良性流动。戴尔自动分层技术可以在不同存储之间建立分层，自动根据实际使用情况进行数据调度，并迁移到最佳存储层和磁盘阵列级。戴尔 Compellent Storage Center 6.4 增强功能更为突出，可以在戴尔 Compellent 存储阵列中不同闪存存储之间建立分层，通过智能分层技术进行成本优化，帮助用户不断提升存储价值。

（四）易安信的闪存存储技术

存储技术领域发生的最大的一个变革应该是闪存的迅速发展。相信未来五年会逐渐由高速发展走向成熟。

2008 年之前闪存 / 内存存储阵列一直被认为是高端专业的场景才能用，但是由于其价格一直令普通客户难以接受，所以一直没有被广泛应用。随着闪存的一些技术瓶颈被突破，固态硬盘带来的变革才真正开始。

易安信以及其他厂商都有了自己的闪存战略，大部分的做法是将闪存作为一个高速的存储层，运用分层存储的功能将热数据和工作负载比较重的应用存在闪存卡或者存储阵列上，而日常数据和普通应用都存于普通的磁盘阵列上。

闪存的引入对高速磁盘的打击是非常大的，因为高速磁盘依靠 1 K 甚至 15 K 的转速来降低寻道延迟以达到提升性能的目的，但是这样会增加能耗，闪存的优势在于没有寻道延迟而且在同等性能下闪存能耗远低于磁盘。

2013 年 11 月 15 日，易安信公司宣布，业界首款也是唯一一款提供一致的、可预测的、极致性能的全闪存阵列易安信 XtremIO 全面上市。该阵列无论处于空闲还是忙碌、全空还是全满状态，都可以在任何时间段、为任何应用负载提供一致的、可预测和达到极致的性能。易安信 XtremIO 之所以如此出色，是因为采用了一些独特的闪存创新：具备线性扩展能力的横向扩展的多控制器架构；永远在线、始终在线的数据消重；比传统磁盘阵列效率高 6 倍、速度快 4 倍的数据保护。

易安信 XtremIO 的内部架构与其他任何全闪存阵列都不同。以下四种关键技术协调一致，在保持高效率和耐用性的同时，最大程度地提高了性能。

（1）基于内容的数据放置。

（2）双阶段元数据引擎。

（3）XtremIO 数据保护。

（4）共享的内存中元数据。

易安信预计，XtremIO 将成为全闪存阵列市场的领导者。IDC 预测，到 2015 年，该市场的总收入将增至 12 亿美元。这款全新阵列已经供不应求，通过易安信 Directed Availability 计划（2013 年 3 月宣布）已经售出 10 PB 有效的消重容量。

客户期待用全闪存阵列支持像虚拟桌面基础架构（Virtual Desktop Infrastructure，VDI）、虚拟服务器、大规模整合的数据库和测试 / 开发环境，这些跨数据集频繁变化需要可预测、一致的低延迟的工作负载。用 XtremIO 应对这类工作负载，不仅实现了更高的性能，而且降低了每 IOPS 的成本，并极大地简化了管理。使 XtremIO 有别于其他全闪存阵列的四种关键架构差别如下。

（1）基于内容的数据放置以非常高的准确度跨所有固态硬盘和阵列控制器，保持该阵列固有的平衡和优化，并在数据传送途中线内消除重复数据。

（2）双阶段元数据引擎使该阵列能够充分利用闪存的随机存取特性，无须系统级后端清理过程（也称为垃圾收集），就可将数据放置在阵列中的任何地方。与采用系统级 I 级收集的其他闪存阵列相比，这使 XtremIO 能够避免多达 50% 的 IOPS 性能损失，将延迟降低多达 1000%，使闪存耐用性提高 10 倍。

（3）XtremIO 数据保护（XDP）是一种专门用于闪存的算法，可防止固态硬盘故障，同时使可用容量比传统磁盘阵列多 6 倍。XDP 使最终用户能够 100% 地使用 XtremIO 的容量，同时保持最高性能，而其他全闪存阵列在达到容量的 60%~80% 时，性能开始下降。这意味着，与其他全闪存阵列相比，XDP 多提供多达 40% 的可用容量。此外，在长期生产数据中心条件下，高效率 XDP 算法的性能和闪存耐用性比磁盘阵列高 4 倍。

（4）共享的内存中元数据使该阵列能够提供最广范围的性能，并能够快速复制阵列中已存储的信息，以大规模加速虚拟机部署等常见任务。与其他全闪存阵列相比，复制虚拟机时，主机和阵列之间的网络带宽多 20 倍，速度提高数倍，对生产虚拟机的影响更小。

XtremIO 是一款横向扩展的阵列，基于称为 X 砖块（X-Brick）的基本构件。每个 X 砖块提供 10 TB 容量，20 TB 容量的 X 砖块已于 2014 年 1 月上市。XtremIO 阵列在单个 XtremIO 集群配置中提供线内数据消重、超过 250 TB 的有效容量和高达 100 万的完全随机 IOPS。单个 XtremIO 集群可从两个控制器扩展到 8 个控制器，最多可配备 128 个内核，在所有数据服务均激活的情况下，能够处理任何联机事物处理数据库、虚拟服务器和 VDI 工作负载。

另外，XtremIO 已与易安信生态系统相集成，以提供更多功能及更高的易用性和兼容性。基于 XtremIO 全闪存阵列、面向极端应用的 VCEVblockTM 专用系统以无与伦比的虚拟桌面费用，为最终用户提供无与伦比的 VDI 计算性能。XtremIO 阵列管理也与 VMware vSphere 实现了集成，并因采用 VMware 的 VAAI 存储应用程序编程接口而提高了速度。此外，XtremIO 也获得了易安信其他技术的支持，包括易安信 VPLEX、易安信 Power Path

和易安信安全远程支持（EMC Secure Remote Support，ESRS）。

（五）虚拟化技术

1. 异质平台协同问题

无论是云运算，还是云存储，虚拟化技术都是其中不可或缺的重要促因与基础。但存储虚拟化并不像推展已久的服务器虚拟化那么普及与顺利，因为其中仍有许多待解决的难题存在。

这是因为当前各种存储方案与技术十分繁杂而多样，仅从一家企业内部可能同时存在各种不同类型存储装置的状况便知一二。更何况不同存储设备供货商间的存储环境一直存在兼容性问题，所以声称多年的存储整合，仍旧难以如企业需求所愿，这也是存储虚拟化与云存储推展上的最大阻力。

虽然存储云端在某些方面很容易跨入（如在线存储与备份），但想要透过私有云存储来达成全面性的存储整合，似乎不是那么容易的事情。对此，惠普指出，想要成功完成存储虚拟化目标必须改善企业既有 IT 存储环境，其改善重点主要是共通分享的存储架构、亲和的使用环境、简洁单一的操作界面，以及效能卓著的存储方案等。其中，无论是单一操作接口还是统一标准的应用程序编程接口，都是解决不同存储装置间协同问题的关键之一。

对于基础设施服务架构而言，拥有一个可编程接口，意味着用户可以撰写一个可透过该界面来管理云端使用状况的客户端软件，而这也是当前充斥许多应用程序编程接口的原因。不仅如此，许多云端方案供货商还免费地授权其专利应用程序编程接口，好让使用者能够借此打造出相同的云端基础架构。

尽管开放的应用程序编程接口有很多，但是许多云端社群会员已经开始放慢采用单一公司专利接口的脚步。虽然开源社群开始一些尝试性的响应动作，但仍无法遏制应用程序编程接口激增的狂潮。事实上，对于云运算而言，其所需要的标准应用程序编程接口，应当符合中立特色，同时厂商实施风险最小且最稳定可靠才行。如此才可让客户将其应用程序堆栈从一个云端供货商，方便无碍地转移到其他供货商。

2. 开放云计算接口

面对上述问题，开放网格论坛（Open Grid Forum，OGF）早已成立专门负责接口标准化的工作小组。其所制定的开放云计算接口（Open Cloud Computing Interface，OCCI）标准，即为一个免费、开放、为社群共同接纳推动，且以云端基础架构服务为锁定目标的接口标准。通过该应用程序编程接口，数据中心与云端伙伴可以解决现有一堆专利或开放云端 AP 之间的不兼容问题。

面对云端基础架构服务所组成的关键组件，目前开放云计算接口是采用资源导向架构（Resourced Oriented Architecture，ROA）来表示，同时，每个由简洁 URI 标示的资源可拥有许多不同的描述呈现方式（如可用超文本来表示）。开放云计算接口工作小组已规划在 AP 中加入多种格式的支持，在初始版本中，AtonVPub、JSON 及 PlainText 等标准都被纳入支持行列。并且规定一个单独 URI 进入点（Entry Point）定义一个开放云计算接口，该接口显示"Nouns"内含属性，则其中的"Verb"会被执行。原则上，该属性会以键值对（Key-value pairs）表示，而适当的动词则以联结（Link）表示。该应用程序编程接口不仅提供 CRUD 操作，且分别与 HTTP Verb 的 POST、GET、PUT 及 Delete 等参数相对应。HEAD 与 OPTIONS 等 Verb 参数可用来检索诠释数据与有效操作，而不需要实体主体来增进效能。所有 HTTP 功能均能利用现有因特网基础架构，包括快取、代理、网关及其他进阶功能。再者，所有诠释数据，包括资源间的关联性会透过 HTTP 表头对外公开。该接口原生地以 ATOM 表示，并尽可能地接近底层 HTTP 协议来执行。

开放云计算接口会提供对基础架构服务的定义、创建、部署、操作及退出等管理功能。透过简易服务生命周期模型，可支持由云端供货商提供的基本通用生命周期状态。在事件中，供货商并不会提供或报告服务生命周期状况，开放云计算接口并不会强制遵行，而是将生命周期模型定义成提议书，供云端供货商遵循。

参照开放云计算接口，云计算客户端可启动执行全新应用程序堆栈，并管理其生命周期与其采用的资源。为了执行诸如来自网络存储工业协会（Storage Networking Industry Association，SNIA）云数据管理接口所导出的应用程序堆栈，透过开放云计算接口即可分派存储至特定虚拟机。网络存储工业协会机构并表示，接下来该组织会进一步对存储管理与其中数据管理的方法途径进行检验。

3. 担负云存储标准接口制定重任的网络存储工业协会

下面介绍云存储统一标准接口的制定状况。国际上致力于存储标准制定工作的存储网络产业协会，是云存储标准的主要推动者，致力于存储系统统一标准与应用程序编程接口的开发作业，用以集中搜寻、监控并管理不同厂牌及标准的存储设备。

由于各家存储系统的标准不一，异质存储装置所构成的网络存储系统的协同管理，一度是最急迫待解的问题。透过标准化接口，即使各家系统内部各有不同的运作功能与标准，但仍能透过统一接口进行沟通，从而实现并发挥协同管理的最大效益，且各家产品仍能保留自身标准及技术功能的研发。

4. 云存储计划正式推动

对云存储发展有着里程碑一般深远意义与影响的，莫过于网络存储工业协会组织于 2009 年 10 月 12 日对外发布的云存储计划（Cloud Storage Initiative，CSI）。该计划于 2009 年秋季举行的年度盛会——存储网络世界大会上正式公布。发起成员包括易安信、惠普、HDS、LSI、NetApp、Sun、Symantec 与 Xiotech（Seagte 子公司）。云存储计划的工作内容主要包括云存储技术及标准的推广与技术合作，同时与业界共同推广云存储相关技术的培训、开发与应用发展。

当时云存储互操作性与协同管理的最重要且急迫的工作，莫过于统一标准接口的制定。对此，网络存储工业协会特别成立专门的云存储技术工作小组（Techical Working Group，

TWG）。该小组会与网络存储工业协会、云存储计划各单位及会员，乃至其他云端产业组织共同合作。其主要工作项目大致包含开发云存储参考模型、最佳应用方案与实例。

5. CDMI 云存储全新标准接口

2010 年 4 月 12 日，网络存储工业协会发布第一个云存储标准——云数据管理接口（Cloud Data Management Interface，CDMI）。云数据管理接口为云存储定义了数据管理接口规范，制定了客户端与云数据中心之间的数据交换接口，标准化了客户端数据管理系统，规范了客户端如何管理数据中心的数据。

在正式的云数据管理接口标准推出之前，由于各家存储方案接口标准不一，所以无论是存储虚拟化还是云存储，皆深为存储资源无法有效协同运作的问题所困扰。对此，云数据管理接口的制定，就是为了强化云存储与数据管理的协同作业。

在云数据管理接口架构中，被上层接口揭示的下层存储空间，是以抽象化的容器（Container）概念来表示。所谓容器，不仅仅是存储空间的有用抽象化，同时也作为存储在其中数据的群组，抑或总体应用数据服务的控制点。云数据管理接口不只提供具备 CRUD 基本操作概念的数据对象接口，同时也可以用来管理被云计算基础架构传送使用的容器。

对于云计算来说，云数据管理接口提供了通用云计算管理基础架构，同时原本信息管理的重点已渐渐从存储管理转移围绕在数据管理上。云数据管理接口标准则可以协助用户将特殊诠释数据标记在数据上，该诠释数据会告诉端点存储供货商，什么样的数据服务提供该数据（如备份、归档、加密等）。

这些数据服务都会将键值加入用户存在云端上的数据中，然后透过云数据管理接口的执行，用户可在不同云端供货商间任意移动数据，而不再需要忍受不同接口中一再重新编码的痛苦。

6. 标准化计算及存储的协同运作

就可存取的云数据管理接口容器来说，其不仅借由云数据管理接口作为数据信道，同时也可采用其他协议来存取数据，尤其是以云数据管理接口作为云计算环境的存储接口。输出的云数据管理接口容器能被云计算环境中的虚拟机当成每一个用户上所显示的虚拟磁盘驱动器来用。

较令人期待的是，云计算基础架构管理可同时支持开放云计算接口及云数据管理接口两种标准接口。为了达成协同运作，云数据管理接口内含可导出开放云计算接口所获得的信息，开放云计算接口则提供被导出云数据管理接口容器对应的存储。

其操作执行的范例如下：

（1）客户端透过云数据管理接口创建一个云数据管理接口容器，并将其转换成一个开放云计算接口导出形态。云数据管理接口容器 Object ID 会回报结果。

（2）客户端接着透过开放云计算接口创建一个虚拟机，并借由该 Object ID 附加一个云数据管理接口类型的存储容量。开放云计算接口虚拟机 ID 会回报结果。

（3）接着客户端以开放云计算接口虚拟机 ID 进行云数据管理接口容器对象导出信息的更新作业，如此才能让虚拟机存取该容器。

（4）最后客户端再透过开放云计算接口启动虚拟机。

开放云计算接口及云数据管理接口可以说是专门让云运算及云存储达成协同运作的标准化作业。该标准透过开放网络论坛与网络存储工业协会两者间的策略联盟，以及跨 SDO 云端标准协同小组的协调一致才达成。开放云计算接口可充分利用云数据管理接口已配置好及设定完成的存储。一旦两个接口采用相同的原理及技术，单一用户就能同时管理应用程序的计算与存储需求，并且符合配置在两接口上需求的同时扩展。

第三节　大数据分析

一、传统数据分析方法

传统数据分析是指用适当的统计方法对收集来的大量第一手资料和第二手资料进行分析，把隐没在一大批看似杂乱无章的数据中的信息萃取和提炼出来，找出所研究对象的内在规律，以求最大化地开发数据资料的功能，发挥数据的作用。数据分析对国家制订发展计划，对企业了解客户需求、把握市场动向都有巨大的指导作用。大数据分析，可以视为对一种特殊数据的分析，因此很多传统的数据分析方法也可用于大数据分析。以下是可用于大数据分析的传统数据分析方法，这些方法源于统计学和计算机科学等多个学科。

（一）聚类分析

聚类分析是划分对象的统计学方法，指把具有某种相似特征的物体或者事物归为一类。聚类分析的目的在于辨别在某些特性上相似（但是预先未知）的事物，并按这些特性将样本划分成若干类（群），使同一类的事物具有高度的同质性，而不同类的事物则有高度的异质性。

（二）因子分析

因子分析的基本目的就是用少数几个因子去描述许多指标或因素之间的联系，即将比较密切的几个相关变量归在同一类中，每一类变量就成为一个因子（之所以称其为因子，是因为它是不可观测的，即不是具体的变量），以较少的几个因子反映原始资料的大部分信息。

（三）相关分析

相关分析是测定经济现象之间相关关系的规律性，并据此进行预测和控制的分析方法。社会经济现象之间存在着大量的相互联系、相互依赖、相互制约的数量关系，这种关系可分为两种类型：一类是函数关系，它反映着现象之间严格的依存关系，也称确定性的依存关系，在这种关系中，对于变量的每一个数值，都有一个或几个确定的值与之对应；另一类为相关关系，在这种关系中，变量之间存在着不确定、不严格的依存关系，对于变量的某个数值，可以有另一变量的若干数值与之相对应，这若干个数值围绕着它们的平均数呈现出有规律的波动。典型的例子就是，很多超市的顾客在买尿布的同时也会买啤酒。

（四）回归分析

回归分析（Regression Analysis）是研究一个变量与其他若干变量之间相关关系的一种数学分析方法，它是在一组实验或观测数据的基础上，寻找被随机性掩盖了的变量之间的依存关系。通过回归分析，可以把变量间复杂的、不确定的关系变得简单化、有规律化。

（五）A/B 测试

A/B 测试也称为水桶测试，是一种通过对比测试群体，确定哪种方案能提高目标变量的技术。大数据可以使大量的测试被执行和分析，保证这个群体有足够的规模来检测控制组和治疗组之间的区别。

更为深入的数据分析就需要利用数据挖掘技术，实现一些高级别的数据分析需求。数据挖掘就是从大量的、不完全的、有噪声的、模糊的、随机的数据中，提取隐含在其中的、人们事先不知道的、但又是潜在有用的信息和知识的过程。还有很多和这一术语相近似的术语，如从数据库中发现知识、数据分析、数据融合以及决策支持等。

数据挖掘主要用于完成以下六种不同任务，同时也对应着不同的分析方法：分类（Classification）、估值（Estimation）、预言（Prediction）、相关性分组或关联规则（Affinity Grouping Orassociation Rules）、聚集（Clustering）、描述和可视化（Description and Visualization）。原始数据被视为形成知识的源泉，数据挖掘就是从原始数据中发现知识的过程。原始数据可以是结构化的，如关系数据库中的数据，也可以是半结构化的，如文本、图形、图像数据，甚至是分布在网络上的异构型数据。发现知识的方法可以是数学的，也可以是非数学的；可以是演绎的，也可以是归纳的。发现的知识可以被用于信息管理、查询优化、决策支持、过程控制等，还可以用于数据自身的维护。

数据挖掘方法大致分为机器学习方法、神经网络方法和数据库方法。机器学习方法可细分为归纳学习、基于范例学习、遗传算法等。神经网络方法可细分为前向神经网络、自组织神经网络等。数据库方法主要是多维数据分析方法，还有面向属性的归纳方法。

二、大数据分析方法

随着大数据时代的到来，如何快速地从这些海量数据中抽取出关键的信息，为企业和个人带来价值，是各界关注的焦点。目前一些大数据具体处理方法主要有以下几种。

（1）Bloom Filter：布隆过滤器，其实质是一个位数组和一系列哈希函数。布隆过滤器的原理是利用位数组存储数据的哈希值而不是数据本身，其本质是利用哈希函数对数据进行有损压缩存储的位图索引。其优点是具有较高的空间效率和查询速率，缺点是有一定的误识别率，删除困难。布隆过滤器适用于允许低误识别率的大数据场合。

（2）Hashing：散列法，也称为哈希法，其本质是将数据转化为长度更短的定长的数值或索引值。这种方法的优点是具有快速的读／写和查询速度，缺点是难以找到一个良好的哈希函数。

（3）索引：无论是在管理结构化数据的传统关系数据库，还是在管理半结构化和非结构化数据的技术中，索引都是一个减少磁盘读／写开销、提高增删改查速率的有效方法。索引的缺陷在于，需要额外的开销存储索引文件，且需要根据数据的更新而动态维护。

（4）Thel 树：又称为字典树，是哈希树的变种形式，多被用于快速检索和词频统计。Thel 树的思想是利用字符串的公共前缀，最大程度地减少字符串的比较，提高查询效率。

（5）并行计算：相对于传统的串行计算，并行计算是指同时使用多个计算资源完成的运算。其基本思想是将问题进行分解，由若干个独立的处理器完成各自的任务，以达到协同处理的目的。目前，比较典型的并行计算模型除了已经介绍过的 MapReduce 和 Dryad 以外，还有 MPI（Message Passing Interface）。

利用 MapReduce 或者 Dryad，都可以高效地完成一类或者几类问题，但是这些并行计算系统或者工具层次都比较低，程序员学习和利用这些工具进行开发的周期都比较长，甚至需要详细了解系统的构架才能写出比较高效的执行代码。因此，一些基于这些系统的高层次并行编程工具或者语言开始出现。

三、大数据挖掘和分析软件

目前，在众多可用于大数据挖掘和分析的软件中，既有专业的也有非专业的，既有昂贵的商业软件也有免费的开源软件。根据 2012 年 KDNuggets 针对 798 名专业人员，做了一份"过去一年中在实际项目中所用到的大数据、数据挖掘、数据分析软件"的调查结果，本部分选取使用频率最高的前五名进行简单的介绍。

（一）R

R（占 30.7%）是一个开源编程语言和软件环境，它被设计用来进行数据挖掘／分析和可视化。在执行计算密集型任务时，在 R 环境中还可以调用 C、C++ 和 Fortran 编写的代码。此外，专业用户还可以通过 C 语言直接调用 R 对象。R 语言是 S 语言的一种实现。而 S 语言是由贝尔实验室开发的一种用来进行数据探索、统计分析、作图的解释型语言。最初 S 语言的实现版本主要是 S-PLUS。但 S-PLUS 是一个商业软件，相比之下开源的 R 语言更受欢迎。R 不仅在软件类中名列第一，在 2012 年 KDNuggets 的另一份调查"过去一年中在数据挖掘／分析中所使用的设计语言"中，R 语言击败了 SQL 和 Java，同样荣登榜首。在 R 语言盛行的大环境下，各大数据库厂商如天睿和甲骨文（Oracle），都发布了与 R 语言相关的产品。

（二）Excel

Excel（占 29.8%）是微软的 Office 办公软件的核心组件之一，提供了强大的数据处理、统计分析和辅助决策等功能。在安装 Excel 的时候，一些具有强大功能的分析数据的扩展插件也被集成了，但是这些插件需要用户的启用才能使用，这其中就包含了分析工具库（Analysis Tool Pak）和规划求解向导项（Solver Add-in）等插件。Excel 也是使用频率最高的前五名中唯一的一个商业软件，而其他软件都是开源的。

（三）Rapid Miner

Rapid Miner（占 26.7%）是用于数据挖掘、机器学习、预测分析的开源软件，在 2011年 KDNuggets 的调查中，它比 R 的使用率还高，位于第一位。Rapid Miner 提供的数据挖掘和机器学习程序包括：数据加载和转换（ETL）、数据预处理和可视化、建模、评估和部署。数据挖掘的流程是以 XML 文件加以描述，并通过一个图形用户界面显示出来的。Rapid Miner 是由 Java 编程语言编写的，其中还集成了 Weka 的学习器和评估方法，并可以与 R 语言进行协同工作。Rapid Miner 中的功能均是通过连接各类算子形成流程来实现的，整个流程可以看作工厂车间的生产线，输入原始数据，输出模型结果。算子可以看作执行某种具体功能的函数，不同算子有不同的输入/输出特性。

（四）KNIME

KNIME（占 21.8%）是一个用户友好、智能的，并有丰富的开源的数据集成、数据处理、数据分析和数据勘探平台。它支持以可视化的方式创建数据流或数据通道，可选择性地运行一些或全部的分析步骤，并最终生成结果模型以及可交互的视图。KNIME 由 Java 写成，其基于 Eclipse 并通过插件的方式来提供更多的功能。通过插件的形式，用户可以以文件、图片和时间序列加入处理模块，并可以集成到其他各种各样的开源项目中，如 R 语言、Weka。KNIME 是通过工作流来控制数据的集成、清洗、转换、过滤，再到统计、数据挖掘，最后是数据的可视化的。整个开发都在可视化的环境下进行，通过简单的拖曳和设置就可以完成一个流程的开发。KNIME 被设计成一种模块化的、易于扩展的框架。它的处理单元和数据容器之间没有依赖性，这使得它们更加适应分布式环境及独立开发。另外，对 KNIME 进行扩展也是比较容易的事情。开发人员可以很轻松地扩展 KNIME 的各种类型的节点、视图等。

（五）Weka/Pentaho

Weka（占 14.8%）的全名是怀卡托智能分析环境，是一款免费的、非商业化的，基于 Java 环境下开源的机器学习以及数据挖掘软件。Weka 提供的功能有数据处理、特征选择、分类、回归、聚类、关联规则、可视化等。Pentaho 是世界上最流行的开源商务智能软件。

它是一个基于 Java 平台的商业智能套件，之所以说是套件是因为它包括一个 Web Server 平台和几个工具软件（报表、分析、图表、数据集成、数据挖掘等），可以说包括了商务智能的各个方面。Pentaho 中集成了 Weka 的数据处理算法，可以直接调用。

第四章　大数据算法研究

第一节　大数据算法概述

一、大数据上求解问题的过程

拿到一个计算问题后，首先需要判定这个问题是否可以用计算机进行计算，如果学习过可计算性理论，就可以了解有许多问题计算机是无法计算的，如判断一个程序是否有死循环，或者是否存在能够杀所有病毒的软件，这些问题都是计算机解决不了的。从可计算的角度来看，大数据上的判定问题和普通的判定问题是一样的，也就是说，如果还是用我们今天的电子计算机模型，即图灵机模型，在小数据上不可计算的问题，在大数据上肯定也不可计算。计算模型的计算能力是一样的，只不过是算得快慢的问题。

那么，大数据上的计算问题与传统的计算问题有什么本质区别呢？

第一个不同之处是数据量，就是说处理的数据量要比传统的数据量大。第二个不同之处是有资源约束，就是说数据量可能很大，但是能真正用来处理数据的资源是有限的，这个资源包括CPU、内存、磁盘、计算所消耗的能量。第三个不同之处是对计算时间存在约束，大数据有很强的实时性，最简单的一个例子是基于无线传感网的森林防火，如果能在几秒之内自动发现有火情发生，这个信息是非常有价值的，如果三天之后才发现火情，树都烧完了，这个信息就没有价值，所以说大数据上的计算问题需要有一个时间约束，即到底需要多长时间得到计算结果才是有价值的。判定能否在给定数据量的数据上，在计算资源存在约束的条件下，在时间约束内完成计算任务，是大数据上计算的可行性问题，需要计算复杂性理论来解决，然而，面向大数据上的计算复杂性理论研究才刚刚开始，有大量的问题需要解决。

本书花更大的精力讲授算法分析，是因为在大数据上进行算法设计时，要先分析清楚这个算法是否适用于大数据的情况，然后才能使用。

特别值得说明的一点是，对于大数据上的算法，算法分析显得尤为重要，这是为什么呢？对于小数据上的算法可以通过实验的方法来测试性能，通过实验可以很快得到结果，但是在大数据上，实验就不是那么简单了，经常需要成千上万的机器辅助才能够得出结果。为了避免耗费如此高的计算成本，大数据上的算法分析就十分重要了。

经过算法设计与分析，得到了算法。接着需要用计算机语言来实现算法，得到的是一些程序模块，下一步用这些程序模块构建软件系统。这些软件系统需要相应的平台来实现，如常说的 Hadoop、SparK 都是实现软件系统的平台。

二、大数据算法的定义

（一）大数据算法是什么

根据大数据上的计算过程可以定义大数据算法的概念。

定义 1（大数据算法）：在给定的资源约束下，以大数据为输入，在给定时间约束内可以计算出给定问题结果的算法。

这个定义和传统的算法有相同之处，即大数据算法也是一个算法，有输入有输出；而且算法必须是可行的，也必须是机械执行的计算步骤。

补充知识：计算和算法的定义。

定义 2（计算）：可由一个给定计算模型机械地执行的规则或计算步骤序列称为该计算模型的一个计算。

定义 3（算法）：算法是一个满足下列条件的计算：

①有穷性 / 终止性：有限步内必须停止。

②确定性：每一步都是严格定义和确定的动作。

③可行性：每一个动作都能够被精确地机械执行。

④输入：有一个满足给定约束条件的输入。

⑤输出：满足给定约束条件的结果。

大数据算法与传统算法有三个不同之处。第一个不同之处是，大数据算法是有资源约束的，这意味着资源不是无限的，可能在 100 KB 数据上可行的算法在 100 MB 的数据上不可行，最常见的一个错误是内存溢出。这意味着进行大数据处理的内存资源不足，因此在大数据算法的设计过程中，资源是一个必须考虑的约束。第二个不同之处是，大数据算法以大数据为输入，而不是以传统数据的小规模为输入。第三个不同之处是，大数据算法需要在时间约束之内产生结果，因为有些情况下过了时间约束大数据会失效，有些情况下超过时间约束的计算结果没有价值。

（二）大数据算法可以不是什么

有了大数据作为输入和运行时间作为约束，大数据算法和传统算法就有了明确的区别。第一，大数据算法可以不是精确算法。因为有些情况下，能够证明对于给定的数据输入规模和资源约束，确实不可能得到精确解。

第二，大数据算法可以不是内存算法。由于数据量很大，在很多情况下，把所有数据都放在内存中几乎不可能，因为对于现在的 PC 来说，内存的规模在 GB 级，对于高档一些的并行机和服务器来说内存也就是 TB 级，这个规模对于许多应用中的数据量是远远不够的，必须使用外存甚至网络存储。因此，大数据算法可以不仅仅在内存中运行。

第三，大数据算法可以不是串行算法。有的时候，单独一台计算机难以处理大规模数据，需要多台机器协同并行计算，即并行算法。一个典型的例子是谷歌公司中的计算，为了支持搜索引擎，谷歌公司需要处理大规模来自互联网的数据，因而大数据里面的很多重要概念是谷歌提出的，如并行平台 MapReduce。谷歌公司的数据规模太大，再好的机器也无法独自处理，需要用成千上万台机器构成一个机群来并行处理。

第四，大数据算法可以不是仅在电子计算机上运行的算法。有时对于某些任务而言，让计算机处理很复杂，而让人做很简单。对于这些问题，可以让人和计算机一起来做，因此就有了人和计算机协同的算法。

而传统算法分析与设计课程中的算法，主要是内存算法、精确算法、串行算法且完全在电子计算机上执行，这和本书中的大数据算法不同。

（三）大数据算法不仅仅是什么

下面从大数据概念出发，澄清一些大数据算法的片面观点。

第一，大数据算法不仅仅是基于 MapReduce 的算法。讲到大数据算法，可能有很多人就会想到 MapReduce，MapReduce 上的算法确实在很多情况下适用于大数据，更确切地说 MapReduce 上的算法是一类很重要的大数据算法，但是大数据算法不仅是 MapReduce 上的算法。

第二，大数据算法不仅仅是云计算平台上的算法。说到大数据算法，很多人可能会想到云计算，云上的算法是不是大数据算法呢？云上的算法不全是大数据算法，有的算法不是面向大数据的，如安全性相关的算法和计算密集型算法，而且大数据算法也不都是云上的算法，大数据算法有的可以是单机的，甚至可以是手机或者传感器这种计算能力很差的设备。

第三，大数据算法不仅仅是数据分析与挖掘中的算法。分析与挖掘是大数据中比较热的概念，也确实是大数据的重要方面。之所以用得比较多，是因为其商业价值比较明显。然而，大数据的应用除了需要分析与挖掘，还有获取、清洗、查询处理、可视化等方面，这些都需要大数据算法的支持。

第四，大数据算法不仅仅是数据库中的算法。提到大数据，自然会联想到这是和数据管理密切相关的。大数据算法是否等同于数据库中的算法呢？不完全是这样，虽然数据库中的算法是大数据算法的一个重要组成部分，今天进行大数据算法研究的多是数据库和数据管理研究领域的专家，但是不全是数据库领域的。当前研究大数据算法的专家，有的研究背景是数学理论和算法理论，还有的来自机器学习和各种大数据应用的研究领域。因此大数据算法不仅仅是数据库中的算法，还有专门为大数据设计的算法。

三、大数据的特点与大数据算法的关系

大数据的特点决定了大数据算法的设计方法。正如前面所介绍的，大数据的特点通常用四个"V"来描述。这四个"V"里面和大数据算法密切相关的，有两个"V"。一个是数据量大，也就是大数据算法必须处理足够大的数据量。另一个是速度，速度有两方面：①大数据的更新速度很快，相应的大数据算法也必须考虑更新算法的速度；②要求算法具有实时性，因此大数据算法要考虑到运算时间。对于另外两个"V"，我们假设大数据算法处理的数据已经是经过预处理的，其多样性已经被屏蔽掉了。关于价值本书也不考虑，而假设数据或算法的价值是预先知道的。

四、大数据算法设计的难度

要设计一个大数据算法并不容易，因为大数据具有规模大、速度快的特点。大数据算法设计的难度主要体现在四个方面。

（一）访问全部数据时间过长

有的时候算法访问全部数据时间太长，应用无法接受。特别是数据量达到 PB 级甚至更大的时候，即使有多台机器一起访问数据，也是很困难的。在这种情况下怎么办呢？只能放弃使用全部数据这种想法，而通过部分数据得到一个还算满意的结果，这个结果不一定是精确的，可能是不怎么精确的而基本满意，这就涉及一个时间亚线性算法的概念，即算法的时间复杂度低于数据量，算法运行过程中需要读取的数据量小于全部数据。

（二）数据难以放入内存计算

第二个问题是数据量非常大，可能无法放入内存。一个策略是把数据放到磁盘上，基于磁盘上的数据来设计算法，这就是所谓的外存算法。学过数据结构与算法的学生对于外存算法可能不陌生，一些数据结构课程中讲过的外存排序，就是比较典型的外存算法。这些外存算法的特点是，以磁盘块为处理单位，其衡量标准不再是简单的 CPU 时间，而是磁盘的 I/O。另外一个处理方法是不对全部的数据进行计算，而只向内存中放入小部分数据，仅使用内存中的小部分数据，就可以得到一个有质量保证的结果，这样的算法通常叫作空间亚线性算法，就是说执行这一类算法所需要的空间是小于数据本身的，即空间亚线性。

（三）计算需要整体数据

在一些情况下，单个计算机难以保存或者在时间约束内处理全部数据，而计算需要整体数据，在这种情况下一个办法就是采取并行处理技术，即使用多台计算机协同工作。并

行处理对应的算法是并行算法，大数据处理中常见的 MapReduce 就是一种大数据的编程模型，Hadoop 是基于 MapReduce 编程模型的计算平台。

（四）计算机计算能力不足或知识不足

还有一种情况是计算机的计算能力不足或者说计算所需要的知识不足。例如，判断一幅图片中是不是包含猫或者狗。这时候计算机并不知道什么是猫什么是狗，如果仅仅利用计算机而没有人的知识参与计算，这个问题就会变得非常困难，可能要从大量的标注图像里进行学习。但如果可以让人来参与，这个问题就变得简单了。更难一点的问题，如判断两个相机哪个更好，这是一个比较主观的问题，计算机是无法判断的，怎么办呢？可以让人来参与，因此，有一类算法叫作众包算法，相当于把计算机难以计算但人计算相对容易的任务交给人来做，有的时候，众包算法的成本更低，算得更快。

上述是大数据算法的一些难点，针对这些难点，有一系列算法被提出，包括时间亚线性算法、空间亚线性算法、外存算法、并行算法、众包算法。

五、大数据算法的应用

大数据算法在大数据的应用中将扮演什么样的角色呢？我们通过下面一些例子来看看大数据算法的应用。

（一）预测中的大数据算法

如何利用大数据进行预测？一种可能的方法是从多个数据源（如社交网络、互联网等）提取和预测与主题相关的数据，然后根据预测主题建立统计模型，通过训练集学习得到模型中的参数，最后基于模型和参数进行预测。其中每一个步骤都涉及大数据算法问题。在数据获取阶段，因为从社交网络或者互联网上获取的数据量很大，所以从非结构化数据（如文本）提取出关键词或者结构化数据（如元组、键值对）需要适用于大数据的信息提取算法；在特征选择过程中，发现预测结果和哪些因素相关需要关联规则挖掘或者主成分分析算法；在参数学习阶段，需要机器学习算法，如梯度下降等，尽管传统的机器学习有相应的算法，但是这些算法复杂度通常较高，不适合处理大数据，因此需要面向大数据的新的机器学习算法来完成任务。

（二）推荐中的大数据算法

当前推荐已经成为一个热门的研究分支，有大量的推荐算法被提出。由于当前商品信息和用户信息数据量都很大，例如，淘宝，用户和商品的数量都达到了 GB 级以上，基于这种大规模的数据进行推荐需要能够处理大数据的推荐算法。例如，为了减少处理数据量的 SVD 分解，基于以前有哪些用户购买这个商品和这些用户购买哪些商品的信息构成一个矩阵，这个矩阵规模非常大，以至于在进行推荐时无法使用，因而就需要 SVD 分解技术对这个矩阵分解，从而将矩阵变小。而基于这种大规模的稀疏矩阵上的推荐也需要相应的大规模矩阵操作算法。

（三）商业情报分析中的大数据算法

商业情报分析首先要从互联网或者企业自身的数据仓库（如沃尔玛 PB 级的数据仓库）上发现与需要分析的内容密切相关的内容，继而根据这些内容分析出有价值的商业情报，这一系列操作如果利用计算机自动完成，就需要算法来解决。其中涉及的问题包括文本挖掘、机器学习，涉及的大数据算法包括分类算法、聚类分析、实体识别、时间序列分析、回归分析等，这些问题在统计学和计算机科学方面都有相关的方法提出，然而面向大数据，这些方法的性能和可扩展性难以满足要求，需要设计面向大数据的分析算法。

（四）科学研究中的大数据算法

科学研究中涉及大量的统计计算，如利用回复分析发现统计量之间的相关性，利用序列分析发现演化规律。例如，美国能源部支持的项目中专门有一部分给大数据算法，在其公布的指南里包含相应的研究题目，包括如何从庞大的科学数据集合中提取有用的信息，如何发现相关数据间的关系（即相关规则发现），还包括大数据上的机器学习、数据流上的实时分析，以及数据缩减、高可控的拓展性的统计分析，这些都在科学研究中扮演重要的角色。

第二节　大数据算法设计与分析

一、大数据算法设计技术

1. 精确算法设计方法

精确算法设计技术就是传统算法设计与分析课中讲授的算法，如贪心法、分治法、动态规划法、搜索法、剪枝法。这些算法设计方法也是大数据算法设计中所必需的。

2. 并行算法

并行算法是一类很重要的大数据算法设计技术。在很多人的理解中，大数据算法就等同于并行算法，但是大数据算法不完全是并行算法。

3. 近似算法

近似算法的意思是说，虽然给定计算时间，给定计算资源，对于很大的数据量无法算出精确解，但是可以退而求其次，算不那么精确的解，而且这个解的不精确程度在可以忍受的范围内。这样的设计算法有一套专门的设计技术，就是所谓的近似算法。

4. 随机化算法

一种很重要的技术是随机化算法设计技术。在某些情况下，可以通过增加随机化来提高算法的效率和精度。最典型的一个技术就是抽样。虽然无法处理整个数据集合，但是可以从这个集合中抽取一小部分来处理，通过抽样我们就能以小见大，这一部分抽样就能够体现整个大数据集合的特征。

5. 在线算法 / 数据流算法

所谓的在线算法或者数据流算法，指的是数据源源不断地到来，根据到来的数据返回相应的部分结果。这类算法的设计思想可以应用于两种情况：一是当数据量非常大仅能扫描一次时，可以把数据看成数据流，把扫描看成数据到来，扫描一次结束；二是数据更新非常快，不能把数据全部存下来再算结果，这时候数据也可以看成一个数据流。

6. 外存算法

也有人称外存算法为 I/O 有效算法或者 I/O 高效算法。这类算法不再简单地以 CPU 时间作为算法时间复杂度的衡量标准，而是以 I/O 次数作为算法时间复杂度的判断标准，在设计算法的时候，也不是简单地以 CPU 时间为优化目标，而是以 I/O 次数尽可能少为优化目标。

7. 面向新型体系结构的算法

还有一种大数据处理算法是面向特定体系结构设计的，这里的特定体系结构包括多级 cache，也包括 GPU 和 FPGA。由于这些新型体系结构的特征不同，所需要的算法设计技术也不同。

8. 现代优化算法

现代优化方法，包括遗传算法、模拟退火、蚁群算法、禁忌搜索等。它们在传统算法设计中的智能优化方面扮演了很重要的角色，在大数据处理算法中也有用武之地，考虑到大数据中数据最大、变化快的特点，在使用这些技术设计大数据算法时需要注意算法的可扩展性。

二、大数据算法分析技术

和传统算法分析相比，大数据算法分析尤其重要。因为在大数据上进行实验所需要的成本相对小数据大得多，因而完成算法计算所需的资源（时间和空间）或者某种性质（如精度）难以通过实验来得到，而必须通过理论分析来求得。当设计完一个大数据算法后，可以通过算法分析来求得所需资源（如时间、空间或磁盘 I/O）或某种性质（如算法得到的解和精确解比例）与输入规模之间的关系，这样就可以基于算法在小规模数据上的实验结果来推演出算法在大规模数据上需要的计算资源或者某种性质所能够达到的程度，从而判定算法是否可行。对于大数据算法，主要分析如下因素：

1. 时间和空间复杂度

和传统算法分析类似，大数据算法同样需要进行时间和空间复杂度分析。

2. I/O 复杂度

有些情况下，大数据无法完全放入内存，必须设计外存算法，这时候需要分析磁盘 I/O 复杂度，即在算法运行过程中读写磁盘次数。

3. 结果质量

由于大数据上的一些计算问题有时在给定的资源约束内无法精确完成，需要退而求其次，设计近似算法，在这种情况下需要分析计算结果的质量和近似比，即最优解和近似解之间的比例；对于在线算法，有时候需要分析竞争比（Competitive Ratio），即根据当前数据得到解的代价和知道所有数据的情况下得到解的代价相差多少。在很多情况下，结果质量的分析往往要比结果效率的分析更复杂。

4. 通信复杂度

当设计并行算法的时候，涉及多台机器，这些机器之间需要通信，这时需要知道算法运行过程中所需通信量的大小，也就是通信复杂度。

从上述介绍可以看出，大数据算法分析的内容比传统算法要丰富，也涉及更多的算法分析技术。

参考文献

[1] 李少波. 制造大数据技术与应用 [M]. 武汉：华中科技大学出版社，2018.

[2] 娄岩. 大数据技术与应用 [M]. 北京：清华大学出版社，2016.

[3] 周苏，冯婵璟，王硕苹. 大数据技术与应用 [M]. 北京：机械工业出版社，2016.

[4] 娄岩. 大数据技术应用导论 [M]. 沈阳：辽宁科学技术出版社，2017.

[5] 王宏志. 大数据算法 [M]. 北京：机械工业出版社，2015.

[6] 黄冬梅，邹国良. 海洋大数据 [M]. 上海：上海科学技术出版社，2016.

[7] 熊赟，朱扬勇，陈志渊. 大数据挖掘 [M]. 上海：上海科学技术出版社，2016.